最美生活

梁启超 著

中国画报出版社·北京

目录

人生的趣味

- 002/ 美术与生活
- 008/ 学问之趣味
- 014/ 为学与做人
- 023/ 最苦与最乐
- 026/ 敬业与乐业
- 031/ 知命与努力
- 042/ "知不可而为"主义与"为而不有"主义
- 056/ 趣味教育与教育趣味
- 064/ 十种德性相反相成义
- 077/ 东南大学课毕告别辞

 国学的趣味

090/ 治国学的两条大路

101/ 孔子之人格

108/ 屈原研究

140/ 情圣杜甫

161/ 《晚清两大家诗钞》题辞

175/ 中国韵文里头所表现的情感

275/ 《稷山论书诗》序

277/ 书法指导

人生的趣味

美术与生活

诸君！我是不懂美术的人，本来不配在此讲演。但我虽然不懂美术，却十分感觉美术之必要。好在今日在座诸君，和我同一样的门外汉谅也不少。我并不是和懂美术的人讲美术，我是专要和不懂美术的人讲美术。因为人类固然不能个个都做供给美术的"美术家"，然而不可不个个都做享用美术的"美术人"。

"美术人"这三个字是我杜撰的，谅来诸君听着很不顺耳。但我确信美是人类生活一素——或者还是各种要素中之最要者，倘若在生活全内容中把"美"的成分抽出，恐怕便活得不自在甚至活不成！中国向来非不讲美术——而且还有很好的美术，但据多数人见解，总以为美术是一种奢侈品，从不肯和布帛菽粟一样看待，认为生活必需品之一。我觉得中国人生活之不能向上，大半由此。所以今日要标"美术与生活"这题，特和诸君商榷一回。

问人类生活于什么？我便一点不迟疑答道："生活于趣味。"

这句话虽然不敢说把生活全内容包举无遗，最少也算把生活根芽道出。人若活得无趣，恐怕不活着还好些，而且勉强活也活不下去。人怎样会活得无趣呢？第一种，我叫他作石缝的生活：挤得紧紧的没有丝毫开拓余地。又好像披枷戴锁，永远走不出监牢一步。第二种，我叫他作沙漠的生活：干透了没有一毫润泽，板死了没有一毫变化。又好像蜡人一般，没有一点血色；又好像一株枯树，庾子山说的"此树婆娑，生意尽矣"。这种生活是否还能叫作生活，实属一个问题。所以我虽不敢说趣味便是生活，然而敢说没趣便不成生活。

◎《设色山水册》明　石涛

趣味之必要既已如此，然则趣味之源泉在哪里呢？依我看有三种。

第一，对境之赏会与复现。人类任操何种卑下职业，任处何种烦劳境界，要之总有机会和自然之美相接触——所谓水流花放，云卷月明，美景良辰，赏心乐事。只要你在一刹那间领略出来，可以把一天的疲劳忽然恢复，把烦恼丢在九霄云外。倘若能把这些影像印在脑里头令他不时复现，每复现一回，亦可以发生与初次领略时同等或仅较差的效用。人类想在这种尘劳世界中得有趣味，这便是一条路。

第二，心态之抽出与印契。人类心理，凡遇着快乐的事，把快乐状态归拢一想，越想便越有味，或别人替我指点出来，我的快乐程度也增加。凡遇着苦痛的事，把苦痛倾筐倒箧吐露出来，或别人能够看出我苦痛替我说出，我的苦痛程度反会减少。不惟如此，看出说出别人的快乐，也增加我的快乐；替别人看出说出苦痛，也减少我的苦痛。这种道理，因为各人的心都有个微妙的所在，只要搔着痒处，便把微妙之门打开了，那种愉快，真是得未曾有，所以俗话叫作"开心"。我们要求趣味，这又是一条路。

第三，他界之冥构与暮进。对于现在环境不满，是人类普通心理，其所以能进化者亦在此。就令没有什么不满，然而在同一环境下生活久了，自然也会生厌。不满尽管不满，生厌尽管生厌，然而脱离不掉他，这便是苦恼根源。然则怎样救济法呢？肉体上的生活，虽然被现实的环境捆死了，精神上的生活，却常常对于环境宣告独立，或想到将来希望如何如何，或想到别个世界，例如文学家的桃源、哲学家的乌托邦、宗教家的天堂净土如何如何。忽然间超越现实界，闯入理想界去，便是那人的自由天地。我们欲求趣味，这又是一条路。

这三种趣味，无论何人都会发动的。但因各人感觉器官用得熟与不熟，以及外界帮助引起的机会有无多少，于是趣味享用之程度，生出无量差别。感觉器官敏则趣味增。感觉器官钝则趣味减；诱发机缘多则趣味强，诱发机缘少则趣味弱。专从事诱发以刺激各人器官迟钝的有三种利器：一是文学，二是音乐，三是美术。

今专从美术讲：美术中最主要的一派，是描写自然之美，常常把我们所曾经赏会或像是曾经赏会的都复现出来。我们过去赏会的影子印在脑中，因时间之经过渐渐淡下去，终必有不能复现之一日，趣味也跟着消灭了。一幅名画在此，看一回便复现一回，这画存在，我的趣味便永远存在。不惟如此，还有许多我们从前不注意赏会不出的，他都写出来指导我们赏会的路，我们多看几次，便懂得赏会方法，往后碰着种种美境，我们也增加许多赏会资料了，这是美术给我们趣味的第一件。

美术中有刻画心态的一派，把人的心理看穿了，喜怒哀乐，都活跳在纸上。本来是日常习见的事，但因他写得惟妙惟肖，便不知不觉间把我们的心弦拨动，我快乐时看他便增加

◎《孟特芳丹的回忆》 法国　柯罗

快乐，我苦痛时看他便减少苦痛，这是美术给我们趣味的第二件。

美术中有不写实境实态而纯凭理想构造而成的。有时我们想构一境，自觉模糊断续不能构成，被他都替我表现了。而且他所构的境界种种色色有许多为我们所万想不到；而且他所构的境界优美高尚，能把我们卑下平凡的境界压下去。他有魔力，能引我们跟着他走，闯进他所到之地。我们看他的作品时，便和他同往一个超越的自由天地。这是美术给我们趣味的第三件。

要而论之，审美本能，是我们人人都有的。但感觉器官不常用或不会用，久而久之麻木了。一个人麻木，那人便成了没趣的人。一民族麻木，那民族便成了没趣的民族。美术的功用，在把这种麻木状态恢复过来，令没趣变为有趣。换句话说，是把那渐渐坏掉了的爱美胃口，替他复原，令他常常吸收趣味的营养，以维持增进自己的生活康健。明白这种道理，便知美术这样东西在人类文化系统上该占何等位置了。

以上是专就一般人说。若就美术家自身说，他们的趣味生活，自然更与众不同了。他们的美感，比我们锐敏若干倍，正如《牡丹亭》说的："我常一生儿爱好是天然"。我们领略不着的趣味，他们都能领略。领略够了，终把些唾余分赠我们，分赠了我们，他们自己并没有一毫破费，正如老子说的"既以为人己愈有，既以与人己愈多"。假使"人生生活于趣味"这句话不错，他们的生活真是理想生活了。

今日的中国，一方面要多出些供给美术的美术家，一方面要普及养成享用美术的美术人。这两件事都是美术专门学校的责任。然而该怎样的督促赞助美术专门学校叫他完成这责任，又是教育界乃全一般市民的责任。我希望海内美术大家和我们不懂美术的门外汉各尽责任做去。

学问之趣味

我是个主张趣味主义的人,倘若用化学化分"梁启超"这件东西,把里头所含一种原素名叫"趣味"的抽出来,只怕所剩下的仅有个零了。我以为凡人必须常常生活于趣味之中,生活才有价值;若哭丧着脸挨过几十年,那么,生活便成沙漠,要他何用?中国人见面最喜欢用的一句话:"近来做何消遣?"这句话我听着便讨厌。话里的意思,好像生活得不耐烦了,几十年日子没有法子过,勉强找些事情来消他遣他。一个人若生活于这种状态之下,我劝他不如早日投海。我觉得天下万事万物都有趣味,我只嫌二十四点钟不能扩充到四十八点,不够我享用。我一年到头不肯歇息。问我忙什么,忙的是我的趣味,我以为这便是人生最合理的生活,我常常想动员别人也学我这样生活。

凡属趣味,我一概都承认他是好的。但怎么才算趣味?不能不下一个注脚。我说:"凡一件事做下去不会生出和趣味相反的结果的,这件事便可以为趣味的主体。"赌钱有趣味吗?输了,怎么样?吃酒,有趣味吗?病了,怎么样?做官,有趣味吗?没有官做的时候,怎么样……诸如此类,虽然在短时间内像有趣味,结果会闹到俗语说的"没趣一齐来",所以我们不能承认他是趣味。凡趣味的性质,总是以趣味始,以趣味终。所以能为趣味之主体者,莫如下面的几项:一、劳作;二、游戏;三、艺术;四、学问。诸君听我这段话,切勿误会,以为我用道德观念来选择趣味。我不问德不德,只问趣不趣。我并不是因为赌钱不道德才排斥赌钱,因为赌钱的本质会闹到没趣,闹到没趣便破坏了我的趣味主义,所以排斥赌钱。我并不是因为学问是道德才提倡学问,因为学问的本质,能够以趣味始,以趣味终,最合于我的趣味主义条件,所以提倡学问。

学问的趣味,是怎么一回事呢?这句话我不能回答。凡趣味总要自己领略,自己未曾领略得到时,旁人没有法子告诉你。佛典说的:"如人饮水,冷暖自知。"你问我这水怎样的冷,我便把所有形容词说尽,也形容不出给你听,除非你亲自喝一口。我这题目《学问之趣味》,并不是要说学问是如何如何的有趣味,只是要说如何如何便会尝得着学问的趣味。

诸君要尝学问的趣味吗?据我所经历过的,有下列几条路应走:

第一,无所为。趣味主义最重要的条件是"无所为而为"。凡有所为而为的事,都是以另一件事为目的而以这一件事为手段。为达目的起见,勉强用手段;目的达到时,手段便抛却。

例如学生为毕业证书而做学问，著作家为版权而做学问，这种做法，便是以学问为手段，便是有所为。有所为虽然有时也可以为引起趣味的一种方法，但到趣味真发生时，必定要和"所为者"脱离关系。你问我"为什么做学问？"我便答道："不为什么。"再问，我便答道："为学问而学问。"或者答道："为我的趣味。"诸君切勿以为我这些话是故弄玄虚，人类合理的生活本来如此。小孩子为什么游戏？为游戏而游戏。人为什么生活？为生活而生活。为游戏而游戏，游戏便有趣；为体操分数而游戏，游戏便无趣。

◎《阅读》 英国 莱顿

第二，不息。"鸦片烟怎样会上瘾？""天天吃。""上瘾"这两个字，和"天天"这两个字是离不开的。凡人类的本能，只要哪部分搁久了不用，他便会麻木，会生锈。十年不跑路，两条腿一定会废了。每天跑一点钟，跑上几个月，一天不跑时，腿便发痒。人类为理性的动物，"学问欲"原是固有本能之一种，只怕你出了学校便和学问告辞，把所有经管学问的器官一齐打落冷宫，把学问的胃口弄坏了，便山珍海味摆在面前也不愿意动筷了。诸君啊！诸君倘若现在从事教育事业或将来想从事教育事业，自然没有问题，很多机会来培养你的学问胃口。若是做别的职业呢，我劝你每日除本业正当劳作之外，最少总要腾出一点钟，研究你所嗜好的学问。一点钟哪里不消耗了，千万不要错过，闹成"学问胃弱"的征候，白白自己剥夺了一种人类应享之特权啊！

第三，深入的研究。趣味总是慢慢的来，越引越多，像倒吃甘蔗，越往下才越得好处。假如你虽然每天定有一点钟做学问，但不过拿来消遣消遣，不带有研究精神，趣味便引不起来。或者今天研究这样，明天研究那样，趣味还是引不起来。趣味总是藏在深处，你想得着，便要进去。这个门穿一穿，那个门张一张，再不曾看见"宗庙之美，百官之富"，如何能有趣味？我方才说："研究你所嗜好的学问。"嗜好两个字很要紧。一个人受过相当教育之后，无论如何，总有一两门学问和自己脾胃相合，而已经懂得大概，可以作加工研究之预备的。请你就选定一门作为终身正业（指从事学者生活的人说），或作为本业劳作以外的副业（指从事其他职业的人说）。不怕范围窄，越窄越便于聚精神；不怕问题难，越难越便于鼓勇气。你只要肯一层一层的往里面钻，我保你一定被他引到"欲罢不能"的地步。

第四，找朋友。趣味比方电，越摩擦越出。前两段所说，是靠我本身和学问本身相摩擦，但仍恐怕我本身有时会停摆，发电力便弱了。所以常常要仰赖别人帮助。一个人总要有几位共事的朋友，同时还要有几位共学的朋友。共事的朋友，用来扶持我的职业；共学的朋友和共玩的朋友同一性质，都是用来摩擦我的趣味。这类朋友，能够和我同嗜好一种学问的自然最好，我便和他研究。即或不然，他有他的嗜好，我有我的嗜好，只要彼此都有研究精神，我和他常常在一块或常常通信，便不知不觉把彼此趣味都摩擦出来了。得着一两位这种朋友，便算人生大幸福之一。我想只要你肯找，断不会找不出来。

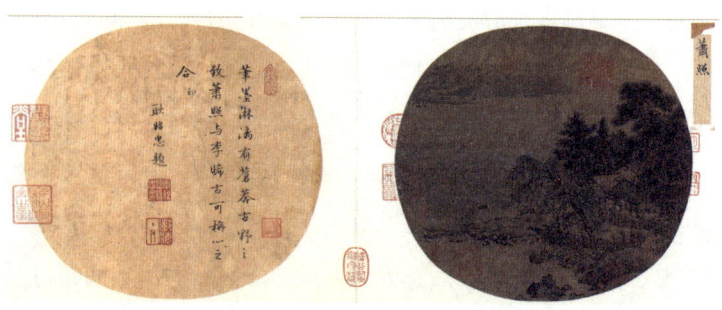

◎《柳堂读书图》 宋 萧照

我说的这四件事，虽然像是老生常谈，但恐怕大多数人都不曾会这样做。唉！世上人多么可怜啊！有这种不假外求，不会蚀本，不会出毛病的趣味世界，竟自没有几个人肯来享受！古书说的故事"野人献曝"，我是尝冬天晒太阳的滋味尝得舒服透了，不忍一人独享，特地恭恭敬敬的来告诉诸君。诸君或者会欣然采纳吧？但我还有一句话："太阳虽好，总要诸君亲自去晒，旁人却替你晒不来。"

为学与做人

诸君!我在南京讲学将近三个月了,这边苏州学界里,有好几回写信邀我,可惜我在南京是天天有功课的,不能分身前来。今天到这里,能够和全城各校诸君聚在一堂,令我感激得很,但有一件,还要请诸君原谅:"因为我一个月以来,都带着些病,勉强支持,今天不能做很长的讲演,恐怕有负诸君期望哩。"

问诸君"为什么进学校?"我想人人都会众口一词的答道:"为的是求学问。"再问:"你为什么要求学问?""你想学些什么?"恐怕各人的答案就很不相同,或者竟自答不出来了。诸君啊!我替你们回答一句吧:"为的是学做人。"你在学校里头学的什么数学、几何、物理、化学、生理、心理、历史、地理、国文、英语,乃至什么哲学、文学、科学、政治、法律、经济、教育、农业、工业、商业等等,不过是做人所需的一种手段,不能说专靠这些便达到做人的目的,任凭你把这些件件学得精通,你能够成个人不成个人还是个问题。

◎《创造亚当》 意大利 米开朗琪罗

人类心理，有知、情、意三部分。这三部分圆满发达的状态，我们先哲名为三达德——智、仁、勇。为什么叫作"达德"呢？因为这三件事是人类普通道德的标准，总要三个具备，才能成一个人。三件的完成状态怎么样呢？孔子说："知者不惑，仁者不忧，勇者不惧。"所以教育应分为知育、情育、意育三方面——现在讲的智育、德育、体育不对，德育范围太笼统，体育范围太狭隘——知育要教到人不惑，情育要教到人不忧，意育到教到人不惧。教育家教育学生，应该以这三件为究竟，我们自动的自己教育自己，也应该以这三件为究竟。

怎么样才能不惑呢？最要紧的是养成我们的判断力。想要养成判断力，第一步，最少须有相当的常识，进一步，对于自己要做的事须有专门智识，再进一步，还要有遇事能断的智慧。假如一个人连常识都没有，听见打雷，说是雷公发威，看见月蚀,说是蛤蟆贪嘴。那么,一定闹到什么事都没有主意,碰到一点疑难问题,就靠求神问卜看相算命去解决,真所谓"大惑不解",成了最可怜的人了。学校里小学中学所教,就是要人有了许多基本的知识,免得凡事都暗中摸索。但仅仅有点常识还不够,我们做人,总要各有一件专门职业。这门职业,也并不是我一人破天荒去做,从前已经许多人做过,他们积累了无数经验,发现出好些原理原则,这就是专门学识。我打算做这项职业,就应该有这项专门的学识。例如我想做农吗,怎么的改良土壤,怎么的改良种子,怎么的防御水旱病虫,等等,都是前人经验有得成为学识的;我们有了这种学识,应用他来处置这些事,自然会不惑,反是则惑了。做工、做商等等都各有他的专门学识,也是如此。我想做财政家吗,何种租税可以生出何样结果,何种公债可以生出何样结果,等等,都是前人经验有得成为学识的;我们有了这种学识,应用他来处置这些事,自然会不惑,反是则惑了。教育家、军事家等等,都各有他的专门学说,也是如此。我们在高等以上学校所求的知识,就是这一类。但专靠这种常识和学识就够吗?还不能。宇宙和人生是活的不是呆的,我们每日碰见的事理是复杂的变化的,不是单纯的刻板的,倘若我们只是学过这一件,才懂这一件,那么,碰着一件没有学过的事来到跟前,便手忙脚乱了。所以还要养成总体的智慧,才能有根本的判断力。这种总的智慧如何才能养成呢?第一件,要把我们向来粗浮的脑筋着实磨炼他,叫他变成细密而且踏实。那么,无论遇着如何繁难的事,我都可以彻头彻尾想清楚他的条理,自然不至于惑了。第二件,要把我们向来浑浊的脑筋,着实将养他,叫他变成清明。那么,一件事理到跟前,我才能很从容很莹澈的去判断他,自然不至于惑了。以上所说常识、学识和总体的智慧,都是知育的要件,目的是教人做到"知者不惑"。

怎么样才能不忧呢?为什么仁者便会不忧呢?想明白这

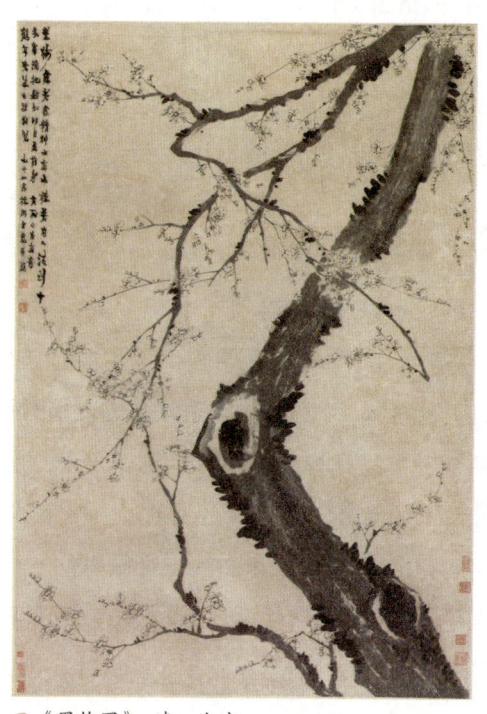

◎《墨梅图》 清　金农

个道理，先要知道中国先哲的人生观是怎么样。"仁"之一字，儒家人生观的全体大用都包在里头。"仁"到底是什么？很难用言语说明，勉强下个解释，可以说是："普遍人格之实现。"孔子说："仁者人也。"意思是说人格完成就叫作"仁"。但我们要知道，人格不是单独一个人可以表现的，要从人和人的关系上来看。所以仁字从二人，郑康成解他做"相人偶"。总而言之，要彼此交感互发，成为一体，然后我的人格才能实现。所以我们若不讲人格主义，那便无话可说；讲到这个主义，当然归宿到普遍人格。换句话说，宇宙即是人生，人生即是宇宙，我们的人格，和宇宙无二区别，体验得这个道理，就叫作"仁者"。然则这种仁者为什么就会不忧呢？大凡忧之所从来，不外两端，一曰忧成败，二曰忧得失。我们得着"仁"的人生观，就不会忧成败。为什么呢？因为我们知道宇宙和人生是永远不会圆满的，所以《易经》六十四卦，始"乾"而终"未济"。正为在这永远不会圆满的宇宙中，才永远容得我们创造进化。我们所做的事，不过在宇宙进化几万万里的长途中，往前挪一寸两寸，哪里配说成功呢？然则不做怎么样呢？不做便连这一寸都不往前挪，那可真是失败了。"仁者"看透这种道理，信得过只有不做事才算失败，肯做事便不会失败。所以《易经》说："君子以自强不息。"换一方面来看，他们又信得过凡事不会成功的几万万里路挪了一两寸，算成功吗？所以《论语》："知其不可而为之。"你想，有这种人生观的人，还有什么成败可忧呢?再者,我们得着"仁"的人生观,便不会忧得失。为什么呢?因为认定这件东西是我的,才有得失之可言。连人格都不是单独存在,不能明确的画出这一部分是我的,那一部分是人家的,然则哪里有东西可以为我们所得?既已没有东西为我所得,当然也没有东西为我所失。我只是为学问而学问,为劳动而劳动,并不是拿学问劳动等做手段来达某种目的——可以为我们"所得"的。所以老子说:"生而不有,为而不恃。""既以为人己愈有,既以与人己愈多。"你想,有这种人生观的人,还有什么得失可忧呢?总而言之,有了这种人生观,自然会觉得"天地与我并生,而万物与我为一",自然会"无入而不自得"。他的生活,纯然是趣味化艺术化。这是最高的情感教育,目的教人做到"仁者不忧"。

怎么样才能不惧呢?有了不惑不忧功夫,惧当然会减少许多了。但这是属于意志方面的事。一个人若是意志力薄弱,便会有丰富的智识,临时也会用不着,便有优美的情操,临时也会变了卦。然则意志怎么会才坚强呢?头一件须要心地光明,孟子说:"浩然之气,至大至刚。行有不慊于心,则馁矣。"又说:"自反而不缩,虽褐宽博,吾不惴焉;自反而缩,虽千万人,吾往矣。"俗话说得好:"生平不做亏心事,夜半敲门心不惊。"一个人要保持勇气,须要从一切行为可以公开做起,这是第一着。第二件要不为劣等欲望之所牵制。《论语》记:子曰:"吾未见刚者。"或对曰:"伸枨。"子曰:"枨也欲,焉刚。"

一被物质上无聊的嗜欲东拉西扯,那么百炼成刚也会变成绕指柔了。总之,一个人的意志,由刚强变为薄弱极易,由薄弱返到刚强极难。一个人有了意志薄弱的毛病,这个人可就完了。自己做不起自己的主,还有什么事可做?受别人压制,做别人奴隶,自己只要肯奋斗,终必能恢复自由。自己的意志做了自己情欲的奴隶,那么,真是万劫沉沦,永无恢复自由的余地,终身畏首畏尾,成了个可怜人了。孔子说:"和而不流,强哉矫;中立而不倚,强哉矫。国有道,不变塞焉,强哉矫;国无道,至死不变,强哉矫。"我老实告诉诸君说吧,做人不做到如此,决不会成一个人。但做到如此真是不容易,非时时刻刻做磨炼意志的功夫不可,意志磨炼得到家,自然是看着自己应做得事,一点不迟疑,扛起来便做,"虽千万人吾往矣"。这样才算顶天立地做一世人,绝不会有藏头躲尾左支右绌的丑态。这便是意育的目的,要教人做到"勇者不惧"。

我们拿这三件事作做人的标准,请诸君想想,我自己现时做到哪一件——哪一件稍微有一点把握。倘若连一件都不能做到,连一点把握都没有,嗳哟!那可真危险了,你将来做人恐怕做不成。讲到学校里的教育嘛,第二层的情育,第三层的意育,可以说完全没有,剩下的只有第一层的知育。就算知育吧,又只有所谓常识和学识,至于我所讲的总体智慧靠来养成根本判断力的,却是一点儿也没有。这种"贩卖知识杂货店"的育,把他前途想下去,真令人不寒而栗!现在这种教育,一

◎《苏武牧羊图》 傅抱石

时又改革不来,我们可爱的青年,除了他更没有可以受教育的地方。诸君啊!你到底还要做人不要?你要知道危险呀,非你自己抖擞精神方法自救,没有人救你呀!

诸君啊!你千万别要以为得些断片的智识,就算是有学问呀。我老实不客气告诉你吧;你如果做成一个人,知识自然是越多越好;你如果做不成一个人,知识却是越多越坏。你不信吗?试想想全国人所唾骂的卖国贼某人某人,是有智识的呀,还是没有智识的呢?试想想全国人所痛恨的官僚政客——专门助军阀作恶鱼肉良民的人,是有智识的呀,还是没有智识的呢?诸君须知道啊,这些人当十几年前在学校的时代,意气横历,天真烂漫,何尝不和诸君一样?为什么就会堕落到这样的田地呀?屈原说:"何昔日之芳草兮,今直为此萧艾也!岂其有他故兮,莫好修之害也。"天下最伤心的事,莫过于看着一群好好的青年,一步一步的往坏路上走。诸君猛醒啊!现在你所厌所恨的人,就是你前车之鉴了。

诸君啊!你现在怀疑吗?沉闷吗?悲哀痛苦吗?觉得外边的压迫你不能抵抗吗?我告诉你:你怀疑和沉闷,便是你因不知才会惑;你悲哀痛苦,便是你因不仁才会忧;你觉得你不能抵抗外界的压迫,便是你因不勇才有惧。这都是你的知、情、意未经过修养磨炼,所以还未成个人。我盼望你有痛切的自觉啊!有了自觉,自然会成功。那么,学校之外,当然有许多学问,读一卷经,翻一部史,到处都可以发现诸君的良师呀!

诸君啊,醒醒吧!养足你的根本智慧,体验出你的人格人生观,保护好你的自由意志。你成人不成人,就看这几年哩!

最苦与最乐

人生什么事最苦呢？贫吗？不是。失意吗？不是。老吗？死吗？都不是。我说人生最苦的事，莫苦于身上背着一种未了的责任。人若能知足，虽贫不苦；若能安分（不多作分外希望），虽然失意不苦；老、死乃人生难免的事，达观的人看得很平常，也不算什么苦。独是凡人生在世间一天，便有一天应该的事。该做的事没有做完，便像是有几千斤重担子压在肩头，再苦是没有的了。为什么呢？因为受那良心责备不过，要逃躲也没处逃躲呀！

答应人办一件事没有办，欠了人的钱没有还，受了人的恩惠没有报答，得罪了人没有赔礼，这就连这个人的面也几乎不敢见他；纵然不见他的面，睡里梦里，都像有他的影子来缠着我。为什么呢？因为觉得对不住他呀！因为自己对他的责任，还没有解除呀！不独是对于一个人如此，就是对于家庭、对于社会、对于国家，乃至对于自己，都是如此。凡属我受过他好处的人，我对于他便有了责任。凡属我应该做的事，而且力量能够做得到的,我对于这件事便有了责任。凡属我自己打主意要做一件事,便是现在的自己和将来的自己立了一种契约,便是自己对于自己加一层责任。有了这责任,那良心便时时刻刻监督在后头,一日应尽的责任没有尽,到夜里头便是过的苦痛日子;生应尽的责任没有尽,便死也带着苦痛往坟墓里去。这种苦痛却比不得普通的贫困老死,可以达观排解得来。所以我说人生没有苦痛便罢,若有苦痛,当然没有比这个加重的了。

翻过来看,什么事最快乐呢?自然责任完了,算是人生第一件乐事。古语说得好,"如释重负";俗语亦说是"心上一块石头落了地"。人到这个时候,那种轻松愉快,直是不可以言语形容。责任越重大,负责的日子越久长,到责任完了时,海阔天空,心安理得,那快乐还要加几倍哩!大抵天下事从苦中得来的乐才算真乐。人生须知道有负责任的苦处,才能知道有尽责任的乐处。这种苦乐循环,便是这有活力的人间一种趣味。却是不尽责任,受良心责备,这些苦都是自己找来的。一翻过去,处处尽责任,便处处快乐;时时尽责任,便时时快乐。快乐之权,操之在己。孔子所以说"无入而不自得",正是这种作用。

然则为什么孟子又说"君子有终身之忧"呢?因为越是圣贤豪杰,他负的责任越是重大;而且他常要把这种种责任来揽在身上,肩头的担子从没有放下的时节。曾子还说哩:"任重而道远","死而后已,不亦远乎?"那仁人志士的忧民忧国,

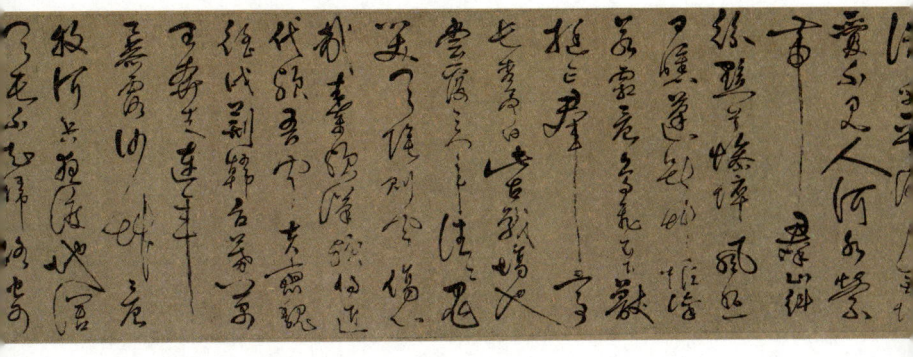

◎《悼古战场》（局部） 宋 岳飞

那诸圣诸佛的悲天悯人，虽说他是一辈子感受苦痛，也都可以。但是他日日在那里尽责任，便日日在那里得苦中真乐，所以他到底还是乐，不是苦呀！

有人说："既然这苦是从负责任而生的，我若是将责任卸却，岂不是就永远没有苦了吗？"这却不然，责任是要解除了才没有，并不是卸了就没有。人生若能永远像两三岁小孩，本来没有责任，那就本来没有苦。到了长成，责任自然压在你的肩头上，如何能躲？不过有大小的分别罢了。尽得大的责任，就得大快乐；尽得小的责任，就得小快乐。你若是要躲，倒是自投苦海，永远不能解除了。

敬业与乐业

我这题目,是把《礼记》里头"敬业乐群"和《老子》里头"安其居,乐其业"那两句话,断章取义造出来的。我所说的是否与《礼记》《老子》原意相合,不必深求;但我确信"敬业乐业"四个字,是人类生活的不二法门。

本题主眼,自然是在"敬"字、"乐"字。但必先有业,才有可敬、可乐的主体,理至易明。所以在讲演正文以前,先要说说有业之必要。

孔子说:"饱食终日,无所用心,难矣哉!"又说:"群居终日,言不及义,好行小慧,难矣哉!"孔子是一位教育大家,他心目中没有什么人不可教诲,独独对于这两种人便摇头叹气说道:"难!难!"可见人生一切毛病都有药可医,唯有无业游民,虽大圣人碰着他,也没有办法。

唐朝有一位名僧百丈禅师,他常常用两句格言教训弟子,说道:"一日不做事,一日不吃饭。"他每日除上堂说法之外,还要自己扫地、擦桌子、洗衣服,直到八十岁,日日如此。有一回,他的门生想替他服务,把他本日应做的工悄悄的都做了,这位言行相顾的老禅师,老实不客气,那一天便绝对的不肯吃饭。

我征引儒门、佛门这两段话,不外证明人人都要有正当职业,人人都要不断的劳作。倘若有人问我:"百行什么为先?万恶什么为首?"我便一点不迟疑答道:"百行业为先,万恶懒为首。"没有职业的懒人,简直是社会上的蛀米虫,简直是"掠夺别人勤劳结果"的盗贼。我们对于这种人,是要彻底讨伐,万不能容赦的。今日所讲,专为现在有职业及现在正做职业上预备的人——学生——说法,告诉他们对于自己现有的职业应采何种态度。

第一要敬业。敬字为古圣贤教人做人最简易、直捷的法门,可惜被后来有些人说得太精微,倒变了不适实用了。惟有朱子解得最好,他说:"主一无适便是敬。"用现在的话讲,凡做一件事,便忠于一件事,将全副精力集中到这事上头,一点不旁骛,便是敬。业有什么可敬呢?为什么该敬呢?人类一面为生活而劳动,一面也是为劳动而生活。人类既不是上帝特地制来充当消化面包的机器,自然该各人因自己的地位和才力,认定一件事去做。凡可以名为一件事的,其性质都是可敬。当大总统是一件事,拉黄包车也是一件事。事的名称,从俗人眼里看来,有高下;事的性质,从学理上解剖起来,并没有高下。只要当大总统的人,信得过我可以当大总统才去当,实实在在把总统当作一件正经事来做；拉黄包车的人，信得过我可以拉黄包车才去拉，实实在在把拉车当作一件正经事来做，便是人生合理的生活。这叫作职业的神圣。凡职业没有不是神圣的，所以凡职业没有不是可敬的。惟其如此，所以我们对于各种职业，没有什么分别拣择。总之，人生在世，是要天天劳作的。劳作便是功德，不劳作便是罪恶。至于我该做哪一种劳作呢？全看我的才能何如、境地何如。因自己的才能、境地，做一种劳作做到圆满，便是天地间第一等人。

怎样才能把一种劳作做到圆满呢？惟一的秘诀就是忠实，忠实从心理上发出来的便是敬。《庄子》记佝偻丈人承蜩的故事，说道："虽天地之大，万物之多，而惟吾蜩翼之知。"凡做一件事，便把这件事看作我的生命，无论别的什么好处，到底不肯牺牲我现做的事来和他交换。我信得过我当木匠的做成一张好桌子，和你们当政治家的建设成一个共和国家同一价值；我信得过我当挑粪的把马桶收拾得干净，和你们当军人的打胜一支压境的敌军同一价值。大家同是替社会做事，你不必羡慕我，我不必羡慕你。怕的是我这件事做得不妥当，便对不起这一天里头所吃的饭。所以我做这事的时候，丝毫不肯分心到事外。曾文正说："坐这山，望那山，一事无成。"一个人对于自己的职业不敬，从学理方面说，便亵渎职业之神圣；从事实方面说，一定把事情做糟了，结果自己害自己。所以敬业主义，于人生最为必要，又于人生最为有利。庄子说："用志不分，乃凝于神。"孔子说："素其位而行，不愿乎其外。"所说的敬业，不外这些道理。

第二要乐业。"做工好苦呀！"这种叹气的声音，无论何人都会常在口边流露出来。但我要问他："做工苦，难道不做工就不苦吗？"今日大热天气，我在这里喊破喉咙来讲，诸君扯直耳朵来听，有些人看着我们好苦；翻过来，倘若我们去赌钱去吃酒，还不是一样在淘神费力？难道又不苦？须知苦乐全在主观的心，不在客观的事。人生从出胎的那一秒钟起到绝气的那一秒钟止，除了睡觉以外，总不能把四肢、五官都搁起不用。只要一用，不是淘神，便是费力，劳苦总是免不掉的。会打算盘的人，只有从劳苦中找出快乐来。我想天下第一等苦人，莫过于无业游民，终日闲游浪荡，不知把自己的身子和心子摆在哪里才好，他们的日子真难过。第二等苦人，便是厌恶自己本业的人，这件事分明不能不做，却满肚子里不愿意做。不愿意做逃得了吗？到底不能。结果还是皱着眉头，哭丧着脸去做。这不是专门自己替自己开玩笑吗？我老实告诉你一句话："凡职业都是有趣味的，只要你肯继续做下去，趣味自然会发生。"为什么呢？第一，因为凡一件职业，总有许多层累、曲折，倘能身入其中，看他变化、进展的状态，最为亲切有味。第二，因为每一职业之成就，离不了奋斗；一步一步奋斗前去，从刻苦中将快乐的分量加增。第三，职业性质，常常要和同业的人比较骈进，好像赛球一般，因竞胜而得快乐。第

◎《播种者》 法国 米勒

四,专心做一职业时,把许多胡思、妄想杜绝了,省却无限闲烦恼。孔子说:"知之者不如好之者,好之者不如乐之者。"人生能从自己职业中领略出趣味,生活才有价值。孔子自述生平,说道:"其为人也,发愤忘食,乐以忘忧,不知老之将至云尔。"这种生活,真算得人类理想的生活了。

我生平最受用的有两句话:一是"责任心",二是"趣味"。我自己常常力求这两句话之实现与调和,又常常把这两句话向我的朋友强聒不舍。今天所讲,敬业即是责任心,乐业即是趣味。我深信人类合理的生活应该如此,我望诸君和我一同受用!

知命与努力

今天所讲的题目是"知命与努力"。知命同努力这两件事,骤看似乎不易合并在一处。《列子·力命篇》中曾经说明力与命不能相容,我从前作的诗也有"百年力与命相持"之句,都是把知命同努力分开,而且以为两者不能并存。可是,究竟是不是这样呢?现在便要研究这个问题。胡适之先生在欧洲演说中国文化,狠攻击"知命"之说,以为知命是一种懒惰哲学,这种主张能养成懒惰根性。这话若不错,那么,我们这个懒惰人族,将来除了自然淘汰之一途外,真没有别条路可走了。但究竟是不是这样呢?现在还当讨论。

在《论语》里面有一句话:"不知命,无以为君子。"意思是说:凡人非有知命的工夫不能做君子。"君子"二字,在儒家的意义常是代表高尚人格的。可以知道儒家的意见,是以知命为养成高尚人格的重要条件。其他"五十而知命"等类的话很多,知命一事在儒家可谓重视极了。再来返观儒家以外的各家的态度怎样呢?墨家树起反对之帜,矫正儒家,所攻击的,大半是儒家所重视的,所以墨家自然不相信命。《墨子·非命篇》中便极端否认知命,在现在讲,可算"打倒知命"了。列子的意见,更可从《力命篇》中看出,他假设两人对话,一名力,一名命,争论结果,偏重于命。列子是代表道家的,可见道家的主张,是根本将命抬到最高的地位,而将力压服在下面,和墨家重力黜命的宗旨恰恰相反。可是儒家就不然,一面讲命,一面亦讲力,知命和努力,是同在一样的重要的地位,即以"不知命,无以为君子"一句论,为君子便是努力,但却以知命为必要条件,可知在儒家的眼光中两者毫无轩轾了。

"命"字到底怎么解呢?《论语》中的话很简单,未曾把定义揭出来。我们只好在儒家后辈的书籍中寻解说,《孟子》《荀

◎《苏格拉底之死》 法国 大卫

子》《礼记》，这三种都是后来儒家的重要的书。《孟子》说："莫之致而至者，命也。"意谓并不靠我们力量去促成，而他自己当然来的，便是命。《荀子》说："节遇谓之命。"节是时节，意谓在某一时节偶然遇着的，便是命。《礼记》说："分于道之谓命。"这一条，戴东原解释得最详，他以为道是全体的统一的，在那全体的里面，分一部分出来，部分对于全体，自然要受其支配，那叫作"分限"，便是命。综合这几条，简单的说，就是我们的行为，受了一种不可抵抗的力量的支配，偶然间遇着一个机会，或者被限制着，只许在一定范围内自由活动，这便是命。命的观念，大概如此。

分限——命——的观念既明，究竟有多少种类，经过详密的分析，大约有下列四种：

（一）自然界给予的分限：这类分限，极为明显易知，如现在天暖，须服薄衣，转眼秋冬来了，又需要用厚衣，这便是一种自然界的分限。用外国语解释，便是自然界对于人类行为，给的一个 order，只能在范围内活动，想超过是不能的。人类常常自夸，人力万能征服了自然界，但是到底征服了多少，还是个问题。譬如前时旧金山和日本的地震，人类几十年努力经营的结果，只消自然界几秒钟的破坏，便消灭无余。人类到底征服了自然界多少呢？近几天，天文家又传说彗星将与地球接近，星尾若扫到地面，便要发生危险。此事固未实现，然假设彗星尾与地面接触了，那变化又何堪设想，彼时人类征服自然界的力量又如何呢？这样便证明自然界的力量，委实比我们人类大得多，人类不得不在他给予的分限中讨生活的。

（二）社会给予的分限：凡是一个社会，必有他的时间的遗传和空间的环境，这两样都能给予人们以重变的分限。无论如何强有力的人，在一个历时很久的社会中，总不能使那若干年遗传的结果消灭，并且自身反要受他的影响。即如我中华民国，挂上"民治"招牌已十六年了，实际上种种举动，所以名实不符者，实在是完全受了数千年历史惰力所支配，不克自拔。社会如此，个人亦如此，一人如此，众人亦如此。不独为世所诟病的军阀、官僚，难免此惰力之支配，乃至现代蓬勃之青年，是否果能推翻惰力，不受其支配？仔细思之，当然不敢自信。吾人一举一动、一言一行，所不为经历所干涉者，实不多见的。至于空间方面，亦复如是。现在中国经济状况，日趋贫乏，几乎有全国国民皆有无食之苦的景况。若想用人的力量去改这种不幸的情形，不是这一端改好，那一端又发生毛病；便是那一端改好，这一端又现出流弊。环境的势力，好似一条长链，互相牵掣，吾人的生活，便是在这全国环境互相牵掣的势力支配的底下决定，人为的改造，是不能实现的。小而言之，一个团体也是这样。凡一个学校，他有学风，某一个在这学校里念书的学生，当然受学风的影响和支配，想跳出学风以外，是不容易的。而这个学校的学风，又不是单独成立的，即与其他学校发生连带关系。譬如在北京某一学校，他的学风，

◎《梅杜萨之筏》 法国 籍里柯

不能不受全北京学校的学风的影响和支配,而不能脱离,就是这样。全北京的学风,影响到某一校;一校的学风,又影响到某一人。关系是如此其密切而复杂。所以社会在空间上给予人们的分限,是不可避免,而不易改造的。

(三)个人固有的分限:在个人自身的性质、能力、身体、人格、经济诸方面,常有许多不由自主的状态,这便是个人固有的分限。这些分限,有的是先天带来的,有的是受了社会的影响自然形成的,然而其为分限则一。譬如有些人身体好,有些人身体坏。身体好的人每天做十多点钟的功课,不觉疲倦;身体弱的人每天只用功几点钟,便非常困乏,再不停止,甚至患病。像这种差别，是没有法子去平均和补救的。讲其原因，自然是归咎于父母的身体不强壮，才遗传这般的体质。这不独个人为然，即以民族而言，华人同欧美比较，相去实在很远。这都是以前的祖先遗留的结果，不是一时的现象；然而既经堕落到如此地步，再想齐驱并驾，实无方法可施。既曰实行卫生，或可稍图改善，然一样的运动，一样的营养，而强者自强，弱者自弱，想立刻平等，是不可能的。才能、经济诸端，尤其易见：有聪明、有天才的人，一目十行，倚马万言；资质愚笨的人，自然赶他不上。有遗产的子弟，可以安富尊荣，卒业游学；家境困苦的人，自然千辛万苦，往往学业不完。这种分限，凡为人类，怎能逃脱？身体、才能，固然不能变易，即如物质方面之经济力，似乎可以转换，然而要将一个穷学生于顷刻中化为富豪，亦是不能实现的事。物质的限制尚且如此之难去，何论其他？个人分限，诚不可轻视的了。

（四）对手方给予的分限：凡人固然自己要活动，然而同时别人也要活动，彼此原都是一样的。加之人的活动方面，对自然常少，而对于他人的常多，所以人们活动是最易和他人发生关系的。既然如此，人们活动的时候，那对手方对于自己的活动也很有影响，这影响就是分限了。人们对他人发生活动，他人为应付起见，发出相当的活动来对抗。于是自己起了所谓反应，反应也有顺的，也有逆的。遇见顺的，尚不要紧；遇见逆的，则自己的活动将受其限制，而不能为所欲为，于是便构成了对手方的分限。这可以拿施教育者与受教育者做个比方，施者虽极力求其领会，然受者仍有活动的余地，若起了逆的反应，这个教育的方法，便要失败的。此犹言团体行为也，个人对个人也是如此，朋友、夫妇间的关系，何莫不然？无论如何任性的人，他的行为总难免反受其妻之若干分限，妻之方面亦同。人生最亲爱者，莫如夫妇，而对手方犹不能不有分限，遑论其他。犹之下棋，我走一着，人亦走一着，设禁止人之移棋，任我独下，自属全胜，无如事实不许，禁止他人，既难做到，而人之一着，常常与我以危险，制我之死命，于是不得不放弃预定计划，与之极力周旋，以求最后之胜利。此即对手分限之说，乃人人相互间，双方行为接触所起之反应了。

此四种分限——再加分析，容或更有——既经明了，只受一种之限制时，已足发生困难，使数十年之工作，一旦毁坏；然人生厄运，不止如是。实际上，吾人日常生活，几无不备受四种分限之包围和压迫。因此，假使有一不知命的人，不承认分限，甚至不知分限，或不注意分限，以为无论何事，我要如何便如何，可以达到目的。此种人勇气虽然很大，动辄行其开步走的主义，一往直前。可是，设使前边有一堵墙，拦住去路，人告诉他前面有墙，墙是走不过去的，而他悍然不顾，以为没有墙，我不信墙的限制，仍然前行。有时前面本是无墙，侥幸得以穿行，然已是可一不可再的成功。今既有墙，若是墙能任意穿行，自然很好，但墙实在是不能通过的东西。于是结果,他碰了墙,碰得头破脑裂,不得不回来。回来改变方向,仍是照这样碰墙,碰了几回之后,一经躺下,比任何软弱人还软弱,再无复起的希望。因他努力自信,总想超过他的希望,不想结果失望,自然一蹶不振。这种人的勇气,不能永久保持,一遇阻碍,必生厌倦。所以不知命——不信分限,专恃莽气的人是很难成功的。

儒家知命的话,在《论语》中有最重要的一句,便是批评孔子说"知其不可为而为之"那一句。可见知其一可为而为之——不知或不信分限,不是勇气;必要知其不可为而为之,才算勇气。明知山上有金矿,动手去掘的人,那算有勇?要明知不可为,而知道应该去做的人,才算伟大。这句话很可以表现孔子的全部人格,也可以作为知命与努力的注脚:"知其不可为"便是知命,"而为之"便是努力。孔子的伟大和勇气,在此可以完全看出了。我们的科学家,或是梦想他的能力可以征服自然界,能够制止地震,固不算真科学家;或是因为知遇地震无法防止,便不讲预防之法,听其自然,也非真科学家。我们的真科学家,必具有下列的精神,便是明知地震是无法控制的,也不作谬妄的大言,但也不流于消极,仍然尽心竭力去研究预防的法,能够预防多少,便是多少,不因不能控制而自馁,也不因稍一预防而自夸。这种科学家才是真科学家,如我们所需要的。他们的预料,本来只在某一限度,限度之上就应当无效或失败,但他们知道应该做这种工作,仍是勤勉的去做着，尝试复尝试，不妨其多。结果如是失败，原不出其所料，万无失望的打击；幸而一二分的成功，于是他们便喜出望外了。知命之道，如此而已。

这种一二分的成功，为何可喜呢？因为世界的成功，都是比较的，无止境的。中国爱国的人，都想把国家弄得像欧美、日本一样富强，好似欧美、日本便是国家的极轨一样。谁知欧美、日本，也不见得便算成功，国中正有无穷的纷扰哩！犹如列子所语的愚公移山，他虽不能一手把很高的山移完，可是他的子孙能够继续着去工作，他及身虽止能见到移去一尺二尺，也是够愉快，比起来未见分毫的移动，强得多了。成功犹如万万里的长道，一人的生命能力，万不能走完，然而走到中途，也胜与终身不走的哩！所以知命者，明知成功之不可必，了解分限之不可逃，在分限圈制前提之下去努力，才是真能努力的人啊！

我们为何需要真正的努力，因为只有真正的努力，才可不厌不倦。人何以有厌倦，多因不知分限，希望过大，动遭失败，所以如此。知命的人，便无此弊。孔门学问，如"学而不厌，诲人不倦""为之不厌，诲人不倦""居之无倦""请益，曰：'无倦'""自强不息""不怨天，不尤人"诸端。所谓不厌、不倦、不息、不怨、不尤，都是不以前途阻碍而退馁，是消极的知命。如"学而时习之，不亦悦乎；有朋自远方来，不亦乐乎"，都是以稍有成功而自娱，是积极的努力。所以我们不止

◎《风竹图》 清　石涛

要排除尊己黜人的妄诞，也宜蠲去羡人恨己的忧伤，因这两者都于事实是无益的。我人徒见美国工人生活舒适，比中国资产阶级甚或过之，于是自怨自艾，于己之地位运动宁复有济？犹之豫湘人民，因罹兵灾，遽羡妒他省人民，又岂于事实有补？总之，生此环境，丁此时期，唯有勤勉乃身，委曲求全，其他夸诞怨艾之念，均不可存的。

孔子的"发愤忘食，乐以忘忧"工夫，实在是知命和努力的一个大榜样。儒家弟子，受其感化的，代不乏人。如汉之诸葛亮，固知辅蜀讨曹之无功，然而仍以"鞠躬尽瘁，死而后已"为职志者，深明"汉贼不两立，皇室不偏安"之义，晓得应该如此做去，故不得不做。此由知命而进于努力者也。又如近代之胡林翼、曾国藩，固曾勋业彪炳，而读其遗书，则立言无不以安命为本。因二公饱经事故，阅历有得，故谆谆以安命为言。此由努力而进于知命者也。凡人能具此二者，则做事时较有把握，较能持久。其知命也，非为懒惰而知命，实因镇定而知命；其努力也，非为侥幸而努力，实为牺牲而努力，既为牺牲而努力，做事自然勇气百倍，既无厌倦，又有快乐了。所以我们要学孔子的发愤忘食，便是学他的努力；要学孔子的乐以忘忧，便是学他的知命。知命和努力，原来是不可分离，互相为用的，再没有不相容的疑惑了。知命与努力，这便是儒家的一大特色，也是中国民族一大特色，向来伟大人物，无不如此。诸君持身涉世，如能领悟此一语的意义，做到此一层工夫，可以终身受用不尽！

"知不可而为"主义与"为而不有"主义

今天的讲题是两句很旧的话:一句是"知其不可而为之",一句是"为而不有"。现在按照八股的作法,把他分作两股讲。

诸君读我的近二十年来的文章,便知道我自己的人生观是拿两样事情做基础:(一)"责任心";(二)"兴味"。人生观是个人的,各人有各人的人生观。各人的人生观不必都是对的,不必于人人都合宜。但我想:一个人自己修养自己,总须拈出个见解,靠他来安身立命。我半生来拿"责任心"和"兴味"这两样事情做我生活资粮,我觉得于我很是合宜。

我是感情最富的人,我对于我的感情都不肯压抑,听其尽量发展。发展的结果常常得意外的调和。"责任心"和"兴味"都是偏于感情方面的多,偏于理智方面的很少。

"责任心"强迫把大担子放在肩上是很苦的,"兴味"是很有趣的。二者在表面上恰恰相反,但我常把他调和起来。所以我的生活虽说一方面是很忙乱的、很复杂的；他方面仍是很恬静的、很愉快的。我觉得世上有趣的事多极了；烦闷、痛苦、懊恼，我全没有；人生是可赞美的、可讴歌的、有趣的。我的见解便是：（一）孔子说的"知其不可而为之"和（二）老子的"为而不有"。

"知不可而为"主义、"为而不有"主义和近世欧美通行的功利主义根本反对。功利主义对于每做一件事之先必要问："为什么？"胡适《哲学史大纲》上讲墨子的哲学就是要问为什么。"为而不有"主义便爽快的答道："不为什么。"功利主义对于每做一件事之后必要问："有什么效果？""知不可而为"主义便答道："不管他有没有效果"。

今天讲的并不是诋毁功利主义。其实凡是一种主义皆有他的特点，不能以此非彼。从一方面看来，"知不可而为"主义，容易奖励无意识之冲动；"为而不有"主义，容易把精力消费于不经济的地方。这两种主义或者是中国物质文明进步之障碍，也未可知；但在人类精神生活上却有绝大的价值，我们应该发明他享用他。

"知不可而为"主义，是我们做一件事明白知道他不能得着预料的效果，甚至于一无效果，但认为应该做的便热心做去。换一句话说，就是做事时候把成功与失败的念头都撇开一边，一味埋头埋脑的去做。

这个主义如何能成立呢？依我想：成功与失败本来不过

◎《雾海上的旅人》 德国　卡斯帕·弗里德里希

是相对的名词。一般人所说的成功不见得便是成功，一般人所说的失败不见得便是失败；天下事有许多从此一方面看说是成功，从别一方面看也可说是失败；从目前看可说是成功，从将来看也可说是失败。此方乡下人没见过电话，你让他去打电话，他一定以为对墙讲话，是没效果的；其实他方面已经得到电话，生出效果了。再如乡下人看见电报局的人在那里乒乓乒乓的打电报，一定以为很奇怪，没效果的；其实我们从他的手里已经把华盛顿会议的消息得到了。照这样看来,成败既无定形,这"可"与"不可"不同的根本先自不能存在了。孔子说:"我则异于是,无可无不可。"他这句话似乎是很滑头,其实他是看出天下事无绝对的"可"与"不可",即无绝对的成功与失败。别人心目中有"不可"这两个字,孔子却完全没有。"知不可而为"本来是晨门批评孔子的话,映在晨门眼帘上的孔子是"知不可而为"。实际上的孔子是"无可无不可而为"罢了。这是我的第一层的解释。

进一步讲,可以说宇宙间的事绝对没有成功,只有失败。成功这个名词,是表示圆满的观念,失败这个名词,是表示缺陷的观念。圆满就是宇宙进化的终点,到了进化终点,进化便休止;进化休止不消说是连生活都休止了。所以平常所说的成功与失败不过是指人类活动休息的一小段落。比方我今天讲演完了,就算是我的成功;你们听完了,就算是你们的成功。到底宇宙有圆满之期没有,到底进化有终止的一天没有?这仍是人类生活的大悬案,这场官司从来没有解决,因为没有这类的裁判官。据孔子的眼光看来,这是六合以外的事,应该"存而不论"。此种问题和"上帝之有无"是一样不容易解决的。我们不是超人,所以不能解决超人的问题。人不能自举其身,我们又何能拿人生以外的问题来解决人生的问题?人生是宇宙的小段片,孔子不讲超人的人生,只从小段片里讲人生。人类在这条无穷无尽的进化长途中,正在发脚蹒跚而行;自有历史以来，不过在这条路上走了一点，比到宇宙圆满时候，还不知差几万万年哩！现在我们走的只是像体操教员刚叫了一声"开步走！"就想要得到多少万万年后的成功，岂非梦想？所以谈成功的人不是骗别人，简直是骗自己！

就事业上讲，说什么周公致太平，说什么秦始皇统一天下，说什么释迦牟尼普度众生。现在我们看看周公所致的太平到底在哪里？大家说是周公的成功，其实是他的失败。"六王毕，四海一"这是说秦始皇统一天下了，但仔细看看，他所统一的到底在哪里？并不是说他传二世而亡，他的一分家当完了，就算失败。只看从他以后，便有楚汉之争，三国分裂，五胡乱华，唐之藩镇，宋之辽金，就现在说，又有督军之割据，他的统一之功算成了吗？至于释迦牟尼，不但说没普度了众生，就是当时的印度人，也未全被他普度。所以世人所说的一般大成功家，实在都是一般大失败家。再就学问上讲，牛顿发明引力，人人都说是科学上的大成功，但自爱斯坦之相对论出，而牛顿转为失败，其实牛顿本没成功，不过我们没有见到就是了。近两年来欧美学界颂扬爱斯坦成功之快之大，无比矣！我们没学问，不配批评，只配跟着讴歌，跟着崇拜！但照牛顿的例看来，他也算是失败。所以无论就学问上讲就事实上讲，总一句话说：只有失败的没有成功的。

人在无边的"宇"（空间）中，只是微尘，不断的"宙"（时间）中，只是段片。一个人无论能力多大，总有做不完的事，做不完的便留交后人。这好像一人忙极了，有许多事做不完，只好说："托别人做吧！"一人想包做一切事，是不可能的，不过从全体中抽出几万万分之一点做做而已。但这如何能算是成功？若就时间论，一人所做的一段片，正如"抽刀断水水更流"，也不得叫作成功。

孔子说"死而后已"，这个人死了那个人来继续。所以说继继绳绳，始能成大的路程。天下事无不可，天下事无成功。然而人生这件事却奇怪得很：在无量数年中，无量数人，所做的无量数事，个个都是不可，个个都是失败，照数学上零加零仍等于零的规律讲，合起来应该是个大失败；但许多的"不可"加起来却是一个"可"，许多的"失败"加起来却是一个"大成功"。这样看来也可说是上帝生人就是教人做失败事的。你想不失败吗？那除非不做事。但我们的生活便是事，起居饮食也是事，言谈思虑也是事，我们能到不做事的地步吗？要想不做事，除非不做人。佛劝人不做事，便是劝人不做人。如果不能不做人，非做事不可。这样看来普天下事都是"不可而为"的事，普天下人都是"不可而为"的人。不过孔子是"知不可而为"，一般人是"不知不可而为"罢了。

"不知不可而为"的人，遇事总要计算计算某事可成功，某事必失败；可成功的便去做，必失败的便躲避。自以为算盘打对了，其实全是自己骗自己，计算的总结与事实绝对不能相应。成败必至事后始能下判断的。若事前横计算竖计算，反减

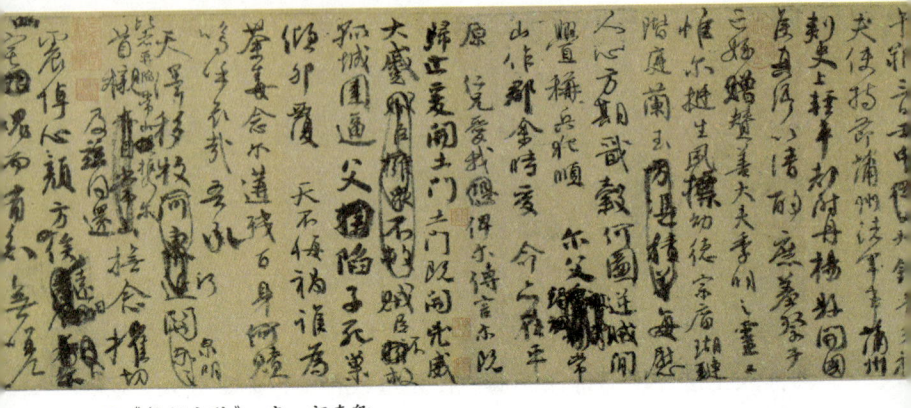

◎《祭侄文稿》唐　颜真卿

少人做事的勇气。在他挑选趋避的时候,十件事至少有八件事因为怕失败,不去做了。

算盘打得精密的人,看着要失败的事都不敢做,而为势所迫,又不能不勉强去做,故常说:"要失败啦!我本来不愿意做,不得已啦!"他有无限的忧疑,无限的惊恐,终日生活在摇荡苦恼里。

算盘打得不精密的人,认为某件事要成功,所以在短时间内欢喜鼓舞的做去,到了半路上忽然发现他的成功希望是空的,或者做到结尾,不能成功的真相已经完全暴露,于是千万种烦恼悲哀都凑上来了。精密的人不敢做,不想做,而又不能不做,结果固然不好;但不精密的人,起初喜欢去做,继后失败了灰心丧气的不做,比前一类人更糟些。

人生在世界是混混沌沌的,从这种境界里过数十年,那么，生活便只有可悲更无可乐。我们对于"人生"真可以诅咒。为什么人来世上做消耗面包的机器呢？若是怕没人吃面包，何不留以待虫类呢？这样的人生可真没一点价值了。

"知不可而为"的人怎样呢？头一层：他预料的便是失败；他的预算册子上件件都先把"失败"两个字摆在当头，用不着什么计算不计算，拣择不拣择。所以孔子一生一世只是："毋意！毋必！毋固！毋我！""意"是事前猜度，"必"是先定其成败，"固"是先有成见，"我"是为我。孔子的意思就是人不该猜度，不该先定事之成败，不该先有成见，不该为着自己。第二层：我们既做了人，做了人既然不能不生活，所以不管生活是段片也罢，是微尘也罢，只要在这微尘生活段片生活里，认为应该做的，便大踏步的去做，不必打算，不必犹豫。孔子说："无适也，无莫也，义之与比。"又说："鸟兽不可与同群，吾非斯人之徒欤而谁欤？天下有道丘不与易也。"这是绝对自由的生活。假设一个人常常打算何事应做，何事不应做，他本来想到街上散步，但一念及汽车撞死人，便不敢散步，他看见飞机很好，也想坐一坐，但一念及飞机摔死人，便不敢坐，这类人是自己禁住自己的自由了。要是外人剥夺自己的自由，自己还可以恢复，要是自己禁住自己的自由，可就不容易恢复了。"知不可而为"主义是使人将做事的自由大大的解放，不要做无为之打算，自己捆绑自己。

孔子说："智者不惑，仁者不忧，勇者不惧。"不惑就是明白，不忧就是快活，不惧就是壮健。反过来说，惑也，忧也，惧也，都是很苦的，人若生活于此中，简直是过监狱的生活。遇事先计划成功与失败，岂不是一世在疑惑之中？遇事先怕失败，一面做，一面愁，岂不是一世在忧愁之中？遇事先问失败了怎么样，岂不是一世在恐惧之中？

"知不可而为"的人，只知有失败，或者可以说他们用的字典里，从没有成功二字。那么，还有什么可惑可忧可惧呢？所以他们常把精神放在安乐的地方。所以一部《论语》，开宗明义便说"不亦乐乎！""不亦悦乎！"用白话讲，便是"好呀！""好呀！"

孔子说："发愤忘食，乐以忘忧，不知老之将至。"可见他做事是自己喜欢的，并非有何种东西鞭策才做的，所以他不觉胡子已白了，还只管在那里做。他将人生观立在"知不可而为"上，所以事事都变成不亦乐乎，不亦悦乎，这种最高尚最圆满的人生，可以说是从"知不可而为"主义发生出来。我们如果能领会这种见解，即令不可至于乐乎悦乎的境地，至少也可以减去许多"惑""忧""惧"，将我们的精神放在安安稳稳的地位上。这样才算有味的生活，这样才值得生活。

第一股作完了，现在作第二股，仍照八股的作法，说几句过渡的话。"为而不有"主义与"知不可而为"主义，可以说是一个主义的两而。"知不可而为"主义可以说是"破妄返真"，"为而不有"主义可以说是"认真去妄"；"知不可而为"

◎《基督下葬》 意大利 卡拉瓦乔

主义可使世界从烦闷至清凉,"为而不有"主义可使世界从极平淡上显出灿烂。

为而不有这句话,罗素解释得很好。他说人有两种冲动:(一)占有冲动;(二)创造冲动。这句话便是提倡人类的创造冲动的。他这些学说诸君谅已熟闻,不必我多讲了。

"为而不有"的意思是不以所有观念作标准,不因为所有观念始劳动。简单一句话,便是为劳动而劳动。这话与佛教说的"无我我所"相通。

常人每做一事,必要报酬,常把劳动当作利益的交换品,这种交换品只准自己独有,不许他人同有,这就叫作"为而有"。如求得金钱、名誉,因为"有",才去"为"。有为一身有者,有为一家有者,有为一国有者。在老子眼中看来,无论为一身有,为一家有,为一国有,都算是为而有,都不是劳动的真目的。人生劳动应该不求报酬,你如果问他:"为什么而劳动?"他便答道:"不为什么。"再问:"不为什么为什么劳动?"

他便老老实实说:"为劳动而劳动,为生活而生活。"

老子说:"上人为之而无以为"。韩非子给他解释得很好:"生于其心之所不能已,非求其为报也。"简单说来,便是无所为而为。既无所为所以只好说为劳动而劳动,为生活而生活,也可说是劳动的艺术化、生活的艺术化。

老子还说:"既以为人己愈有,既以与人己愈多。"这是说我要帮助人,自己却更有,不致损减;我要给人,自己却更多,不致损减。这话也可作为而不有的解释。按实说老子本来没存"有""无""多""少"的观念,不过假定差别相以示常人罢了。在人类生活中最有势的便是占有性。据一般人的眼光看来,凡是为人的好像己便无。例如楚汉争天下,楚若为汉,楚便无,汉若为楚,汉便无,韩信、张良帮汉高的忙谋皇帝,他们便无。凡是与人的好像己便少,例如我们到瓷器铺子里买瓶子,一个瓶子,他要四元钱,我们只给他三元半,他如果卖了,岂不是少得五角?岂不是既以与人己便少吗?这似乎是和己愈有己愈多的话相反。然自他一方面看来,譬如我今天讲给诸君听,总算与大家了,但我仍旧是有,并没减少。再如教员天天在堂上给大家讲,不特不能减其所有,反可得"教学相长"的益处。至若弹琴,唱歌给人听,也并没损失,且可使弹的唱的更加熟练。文学家、诗人、画家、雕刻家、慈善家,莫不如此。即就打算盘论,帮助人的虽无实利,也可得精神上的愉快。

老子又说:"含德之厚,比于赤子,赤子终日号而不嗄,和之至也。"他的意思就是说成人应该和小孩子一样,小孩子天天在那里哭,小孩子并不知为什么而哭,无端的大哭一场,好像有许多痛心的事,其实并不为什么。成人亦然。问他为什么吃?答为饿。问他为什么饿?答为生理上必然的需要。再问他为什么生理上需要?他便答不出了。所以"为什么"是不能问的,如果事事问为什么,什么事都不能做了。

老子说:"无为而无不为"。我们却只记得他的上半截的"无为",把下半截的"无不为"忘掉了。这的确是大错。他的主义是不为什么,而什么都做了,并不是说什么都不做。要是说什么都不做,那他又何必讲五千言的《道德经》呢?"知不可而为"主义与"为而不有"主义都是要把人类无聊的计较一扫而空,喜欢做便做,

◎《老子骑牛图》 明 张路

不必瞻前顾后。所以归并起来，可以说这两种主义就是"无所为而为"主义，也可以说是生活的艺术化，把人类计较利害的观念，变为艺术的情感的。这两种主义的概念，演讲完了。我很希望他发扬光大推之于全世界。但要实行这种主义须在社会组织改革以后。试看在俄国劳农政府之下，"知不可而为"和"为而不有"的人比从前多得多了。

社会之组织未变，社会是所有的社会，要想打破所有的观念，大非易事，因为人生在所有的社会上，受种种的牵掣，倘有人打破所有的观念，他立刻便缺乏生活的供给。比方做教员的，如果不要报酬，便立刻没有买书的费用。然假使有公共图书馆，教员又何必自己买书呢？中国人常喜欢自己建造花园，然而又没有钱，其势不得不用种种不正当的方法去找钱，这还不是由于中国缺少公共花园的缘故吗？假使中国仿照欧美建设许多极好看极精致的公共花园，他们自然不去另造了。所以必须到社会组织改革之后，对于公众有种种供给时，才能实行这种主义。

虽是这样说法，我们一方面希望求得适宜于这种主义的社会，一方面在所处的混浊的社会中，还得把这种主义拿来寄托我们的精神生活，使他站在安慰清凉的地方。我看这种主义恰似青年修养的一付清凉散。我不是拿空话来安慰诸君，也不是勉强去左右诸君，他的作用着实是如此的。

最后我还要对青年进几句忠告。老子说："宠辱不惊"。这句话最关重要。现在的一般青年或为宠而惊，或为辱而惊。然为辱而惊的大家容易知道，为宠而惊的大家却不易知道。或者为宠而惊的比较为辱而惊的人的人格更为低下也说不定。"五四"以来，社会上对于青年可算是宠极了，然根底浅薄的人，其所受宠的害，恐怕比受辱的害更大吧。有些青年自觉会做几篇文章，便以为满足；其实与欧美比一比，那算得什么学问，徒增了许多虚荣心罢了。他们在报上出风头，不过是为眼前利害所鼓动，为虚荣心所鼓动，别人说成功，他们便自以为成功，岂知天下没成功的事？这些都是被成败利钝的观念所误了。

古人的这两句话，我希望现在的青年在脑子里多转几转，把他当作失败中的鼓舞、烦闷中的清凉、困倦中的兴奋。

趣味教育与教育趣味

一

假如有人问我:"你信仰的什么主义?"我便答道:"我信仰的是趣味主义。"有人问我:"你的人生观拿什么做根柢?"我便答道:"拿趣味做根柢。"我生平对于自己所做的事,总是做得津津有味,而且兴会淋漓;什么悲观咧厌世咧这种字面,我所用的字典里头,可以说完全没有。我所做的事,常常失败——严格的可以说没有一件不失败——然而我总是一面失败一面做。因为我不但在成功里头感觉趣味,就在失败里头也感觉趣味。我每天除了睡觉外,没有一分钟一秒钟不是积极的活动。然而我绝不觉得疲倦,而且很少生病。因为我每天的活动有趣得很,精神上的快乐,补得过物质上的消耗而有余。

趣味的反面,是干瘪,是萧索。晋朝有位殷仲文,晚年常郁郁不乐,指着院子里头的大槐树叹气,说道:"此树婆娑,生意尽矣。"一棵新栽的树,欣欣向荣,何等可爱!到老了之后,表面上虽然很婆娑,骨子里生意已尽,算是这一期的生活完结了。殷仲文这两句话,是用很好的文学技能,表出那种颓唐落寞的情绪。我以为这种情绪,是再坏没有的了。无论一个人或一个社会,倘若被这种情绪侵入弥漫,这个人或这个社会算是完了,再不会有长进。

◎《点水蜻蜓》 齐白石

何止没长进?什么坏事,都要从此产育出来。总而言之,趣味是活动的源泉。趣味干竭,活动便跟着停止。好像机器房里没有燃料,发不出蒸汽来,任凭你多大的机器,总要停摆。停摆过后,机器还要生锈,产生许多毒害的物质哩。人类若到把趣味丧失掉的时候,老实说,便是生活得不耐烦,那人虽然勉强留在世间,也不过行尸走肉。倘若全个社会如此,那社会便是痨病的社会,早已被医生宣告死刑。

二

"趣味教育"这个名词,并不是我所创造,近代欧美教育界早已通行了。但他们还是拿趣味当手段，我想进一步，拿趣味当目的。请简单说一说我的意见。

第一，趣味是生活的原动力，趣味丧掉，生活便成了无意义。这是不错。但趣味的性质，不见得都是好的。譬如好嫖好赌，何尝不是趣味？但从教育的眼光看来，这种趣味的性质，当然是不好。所谓好不好，并不必拿严酷的道德论做标准。既已主张趣味，便要求趣味的贯彻。倘若以有趣始以没趣终，那么趣味主义的精神，算完全崩落了。《世说新语》记一段故事："祖约性好钱，阮孚性好屐，世未判其得失。有诣约，见正料量财物，客至屏当不尽，余两小簏，以著背后，倾身障之，意未能平。诣孚，正见自蜡屐，因叹曰：'未知一生当着几緉屐。'意甚闲畅，于是优劣始分。"这段话，很可以作为选择趣味的标准。凡一种趣味事项，倘或是要瞒人的，或是拿别人的苦痛换自己的快乐，或是快乐和烦恼相间相续的，这等统名为下等趣味。严格说起来，他就根本不能做趣味的主体。因为认这类事当趣味的人，常常遇着败兴，而且结果必至于俗语说的"没兴一齐来"而后已，所以我们讲趣味主义的人，绝不承认此等为趣味。人生在幼年青年期，趣味是最浓的，成天价乱碰乱迸；若不引他到高等趣味的路上，他们便非流入下等趣味不可。没有受过教育的人，固然容易如此；教育教得不如法，学生在学校里头找不出趣味，然而他们的趣味是压不住的，自然会从校课以外乃至校课反对的方向去找他的下等趣味，结果，他们的趣味是不能贯彻的，整个变成没趣的人生完事。我们主张趣味教育的人，是要趁儿童或青年趣味正浓而方向未决定的时候，给他们一种可以终生受用的趣味。这种教育办得圆满，能够令全社会整个永久是有趣的。

第二，既然如此，那么教育的方法，自然也跟着解决了。教育家无论多大能力，总不能把某种学问教通了学生，只能令受教的学生当着某种学问的趣味，或者学生对于某种学问原有趣味，教育家把他加深加厚。所以教育事业，从积极方面说，全在唤起趣味，从消极方面说，要十分注意不可以摧残趣味。摧残趣味有几条路。头一件是注射式的教育。教师把课本里头东西叫学生强记。好像嚼饭给小孩子吃，那饭已经是一点儿滋味没有了，还要叫他照样的嚼几口，仍旧吐出来看。那么，假令我是个小孩子，当然会认吃饭是一件苦不可言的事了。这种教育法，从前教八股完全是如此，现在学校里形式虽变，精神却还是大同小异，这样教下去，只怕永远教不出人才来。第二件是课目太多。为培养常识起见，学堂课目固然不能太少。为恢复疲劳起见，每日的课目固然不能不参错掉换。但这种理论，只能为程度的适用，若用得过分，毛病便会发生。趣味的性质，是越引越深。想引得深，总要时间和精力比较的集中才可。若在一个时期内，同时做十来种的功课，走马看花，应接不暇，初时或者惹起多方面的趣味，结果任何方面的趣味都不能养成。那么，教育效率，可以等于零。为什么呢？因为受教育受了好些时,件件都是在大门口一望便了,完全和自己的生活不发生关系,这教育不是白费吗?第三件是拿教育的事项当手段。从前我们学八股,大家有句通行话说他是敲门砖,门敲开了自然把砖也抛却,再不会有人和那块砖头发生起恋爱来。我们若是拿学问当作敲门砖看待,断乎不能有深入而且持久的趣味。我们为什么学数学,因为数学有趣所以学数学;为什么学历史,因为历史有趣所以学历史;为什么学画画、学打球,因为画画有趣、打球有趣所以学画画、学打球。人生的状态,本来是如此,教育的最大效能,也只是如此。各人选择他趣味最浓的事项做职业,自然一切劳作,都是目的,不是手段,越劳作越发有趣。反过来,若是学法政用来作做官的手段,官做不成怎么样呢?学经济用来做发财的手段,财发不成怎么样呢?结果必至于把趣味完全送掉。所以教育家最要紧教学生知道是为学问而学问,为活动而活动。所有学问,所有活动,都是目的,不是手段。学生能领会得这个见解,他的趣味,自然终生不衰了。

三

以上所说,是我主张趣味教育的要旨。既然如此,那么在教育界立身的人,应该以教育为惟一的趣味,更不消说了。一个人若是在教育上不感觉有趣味,我劝他立刻改行,何必在此受苦?既已打算拿教育做职业,便要认真享乐,不辜负了这里头的妙味。

孟子说:"君子有三乐,而王天下不与存焉。"第三种就是:"得天下英才而教育之。"他的意思是说教育家比皇帝还要快乐。他这话绝不是替教育家吹空气,实际情形,确是如此。我常想,我们对于自然界的趣味,莫过于种花。自然界的美,像山水风月等等,虽然能移我情,但我和他没有特殊密切的关系,他的美妙处,我有时便领略不出。我自己手种的花,他的生命和我的生命简直并合为一,所以我对着他,有说不出来的无上妙味。凡人工所做的事,那失败和成功的程度都不能预料,独有种花,你只要用一分心力,自然有一分效果还你,而且效果是日日不同,一日比一日进步。教育事业正和种花一样。教育者与被教育者的生命是并合为一的。教育者所用的心力,真是俗语说的"一分钱一分货",丝毫不会枉费。所以我们要选择趣味最真而最长的职业,再没有别样比得上教育。

现在的中国,政治方面,经济方面,没有哪件说起来不令人头痛。但回到我们教育的本行,便有一条光明大路,摆在我们前面。从前国家托命,靠一个皇帝,皇帝不行,就望太子,所以许多政论家——像贾长沙一流都最注重太子的教育。如今国家托命是在人民,现在的人民不行,就望将来的人民。现在学校里的儿童青年,个个都是"太子",教育家便是"太子太傅"。据我看,我们这一代的太子,真是"富于春秋,典学光明",这些当太傅的,只要"鞠躬尽瘁",好生把他培养出来,不愁不眼见中兴大业。所以别方面的趣味,或者难得保持,因为到处挂着"此路不通"的牌子,容易把人的兴头打断;教育家却全然不受这种限制。

教育家还有一种特别便宜的事,因为"教学相长"的关系,教人和自己研究学问是分离不开的,自己对于自己所好的学问,能有机会终生研究,是人生最快乐的事,这种快乐,也是绝对自由,一点不受恶社会的限制。做别的职业的人,虽然未尝不可以研究学问,但学问总成了副业了。从事教育职业的人,一面教育,一面学问,两件事完全打成一片。所以别的职业是一重趣味,教育家是两重趣味。

孔子屡屡说:"学而不厌,诲人不倦。"他的门生赞美他说:"正惟弟子不能及也。"一个人谁也不学,谁也不诲人,所难者确在不厌不倦。问他为什么能不厌不倦呢?只是领略得个中趣味,当然

◎《先师孔子行教像》 唐　吴道子

不能自已。你想：一面学，一面诲人，人也教得进步了，自己所好的学问也进步了，天下还有比他再快活的事吗？人生在世数十年，终不能一刻不活动，别的活动，都不免常常陷在烦恼里头，独有好学和好诲人，真是可以无入而不自得，若真能在这里得了趣味，还会厌吗？还会倦吗？孔子又说："知之者不如好之者，好之者不如乐之者。"诸君都是在教育界立身的人，我希望更从教育的可好可乐之点，切实体验，那么，不惟诸君本身得无限受用，我们全教育界也增加许多活气了。

十种德性相反相成义

《中庸》曰:"万物并育而不相害,道并行而不相悖。"大哉言乎!野蛮时代所谓道德者,其旨趣甚简单而常不相容;文明时代所谓道德者,其性质甚繁杂而各呈其用。而吾人所最当研究而受用者,则凡百之道德,皆有一种妙相,即自形质上观之,划然立于反对之两端;自精神上观之,纯然出于同体之一贯者。譬之数学,有正必有负;譬之电学,有阴必有阳;譬之冷热两暗潮,互冲而互调;譬之轻重两空气,相薄而相剂。善学道者,能备其繁杂之性质而利用之,如佛说华严宗所谓相是无碍、相入无碍。苟有得于是,则以之独善其身而一身善,以之兼善天下而天下善。

朱子曰:"教学者如扶醉人,扶得东来西又倒。"凡我辈有志于自治,有志于觉天下者,不可不重念此言也。天下固有绝好之义理,绝好之名目,而提倡之者不得其法,遂以成绝大之流弊者。流弊犹可言也,而因此流弊之故,遂使流俗人口实之,以此义理、此名目为诟病;即热诚达识之士,亦或疑其害多利少而不敢复道，则其于公理之流行，反生阻力，而文明进化之机，为之大窒。庄子曰："其作始也简，其将毕也巨。"可不惧乎？可不慎乎？故我辈讨论公理，必当平其心，公其量，不可徇俗以自画，不可惊世以自喜。徇俗以自画，是谓奴性；惊世以自喜，是谓客气。

吾今者以读书思索之所得，觉有十种德性，其形质相反，其精神相成，而为凡人类所当具有，缺一不可者。今试分别论之。

其一 独立与合群

独立者何？不倚赖他力，而常昂然独往独来于世界者也。《中庸》所谓中立而不倚，是其义也。人之所以异于禽兽者以此，文明人所以异于野蛮者以此。吾中国所以不成为独立国者，以国民乏独立之德而已。言学问则倚赖古人，言政术则倚赖外国；官吏倚赖君主，君主倚赖官吏；百姓倚赖政府，政府倚赖百姓。乃至一国之人，各各放弃其责任，而惟倚赖之是务。究其极也，实则无一人之可倚赖者。譬犹群盲偕行，甲扶乙肩，乙牵丙袂，究其极也，实不过盲者依赖盲者。一国腐败，皆根于是。故今日救治之策，唯有提倡独立。人人各断绝倚赖，如孤军陷重围，以人自为战之心，作背城借一之举，庶可以扫拔已往数千年奴性之壁垒，可以脱离此后四百兆奴种之沉沦。今世之言独立者，或曰"拒列强之干涉而独立"，或曰"脱满洲之羁轭而独立"；吾以为不患中国不为独立之国，特患中国今无独立之民。故今日欲言独立，当先言个人之独立，乃能言全体之独立；先言道德上之独立，乃能言形势上之独立。危哉微哉！独立之在我国乎？

合群云者，合多数之独而成群也。以物竞天择之公理衡之，则其合群之力愈坚而大者，愈能占优胜权于世界上，此稍学哲理者所能知也。吾中国谓之为无群乎？彼固庞然四百兆人，经数千年聚族而居者也。不宁惟是，其地方自治之发达颇早，各省中所含小群无数也；同业联盟之组织颇密，四民中所含小群无数也。然终不免一盘散沙之诮者，则以无合群之德故也。合群之德者，以一身对于一群，常肯绌身而就群；以小群对于大群，常肯绌小群而就大群。夫然后能合内部固有之群，以敌外部来侵之群。乃我中国之现状，则有异于是矣。彼不识群义者不必论，即有号称求新之士，日日以合群呼号于天下，而甲地设一会，乙徒立一党，始也互相轻，继也互相妒，终也互相残。其力薄者，旋起旋灭，等于无有；其力强者，且将酿成内讧，为世道忧。此其故，亦非尽出于各人之私心焉，盖国民未有合群之德，欲集无数之不能群者强命为群，有其形质，无其精神也。故今日吾辈所最当讲求者，在养群德之一事。

独与群，对待之名词也。人人断绝倚赖，是倚群毋乃可耻？常绌身而就群，是主独无乃可羞？以此间隙，遂有误解者与托名者之二派出焉。其老朽腐败者，以和光同尘为合群之不二法门，驯至尽弃其独立，阉然以媚于世；其年少气锐者，避奴隶之徽号，乃专以尽排侪辈、惟我独尊为主义。由前之说，是合群为独立之贼；由后之说，是独立为合群之贼。若是乎两者之终不能并存也。今我辈所亟当说明者有二语，曰独立之反面，依赖也，非合群也；合群之反面，营私也，非独立也。虽人自为战，而军令自联络而整齐，不过以独而扶其群云尔；虽全机运动，而轮轴自分劳而赴节，不过以群而扶其独云尔。苟明此义，则无所容其托，亦不必用其避。譬之物质然，合无数"阿屯"而成一体，合群之义也；每一"阿屯"中皆具有本体所含原质之全分，独立之义也。若是者，谓之合群之独立。

◎《雅典学院》 意大利 拉斐尔

其二　自由与制裁

自由者，权利之表证也。凡人所以为人者有二大要件，一曰生命，二曰权利。二者缺一，时乃非人。故自由者亦精神界之生命也。文明国民每不惜掷多少形质界之生命，以易此精神界之生命，为其重也。我中国谓其无自由乎？则交通之自由，官吏不禁也；住居行动之自由，官吏不禁也；置管产业之自由，官吏不禁也；信教之自由，官吏不禁也；书信秘密之自由，官吏不禁也；集会、言论之自由，官吏不禁也。（近虽禁其一部分，然比之前世纪法、普、奥等国，相去远甚。）凡各国宪法所定形式上之自由，几皆有之。虽然，吾不敢谓之为自由者何也？有自由之俗，而无自由之德也。自由之德者，非他人所能予夺，乃我自得之而自享之者也。故文明国之得享用自由也，其权非操诸官吏，而常采诸国民。中国则不然，今所以幸得此习俗之自由者，恃官吏之不禁耳；一旦有禁之者，则其自由可以忽消灭而无复踪影。而官吏之所以不禁者，亦非尊重人权而不敢禁也，不过其政术拙劣，其事务废弛，无暇及此云耳。官吏无日不可以禁，自由无日不可以亡，若是者谓之奴隶之自由。若夫思想自由，为凡百自由之母者，则政府不禁之，而社会自禁之。以故吾中国四万万人，无一可称完人者，以其仅有形质界之生命，而无精神界之生命也。故今日欲救精神界之中国，舍自由美德外，其道无由。

制裁云者，自由之对待也。有制裁之主体，则必有服从之客体。既曰服从，尚得为有自由乎？顾吾尝观万国之成例，凡最尊自由权之民族，恒即为最富于制裁力之民族。其故何哉？自由之公例曰："人人自由，而以不侵人之自由为界。"制裁者制此界也，服从者服此界也。故真自由之国民，其常要服从之点有三：一曰服从公理，二曰服从本群所自定之法律，三曰服从多数之决议。是故文明人最自由，野蛮人亦最自由，自由等也，而文野之别，全在其有制裁力与否。无制裁之自由，群之贼也；有制裁之自由，群之宝也。童子未及年，不许享有自由权者，为其不能自治也，无制裁也。国民亦然，苟欲享有完全之自由权，不可不先组织巩固之自治制。而文明程度愈高者，其法律常愈繁密，而其服从法律之义务亦常愈严整，几于见有制裁，不见有自由。而不知其一群之中，无一能侵他人自由之人，即无一被人侵我自由之人，是乃所谓真自由也。不然者，妄窃一二口头禅语，暴戾恣睢，不服公律，不顾公益，而漫然号于众曰："吾自由也。"则自由之祸，将烈于洪水猛兽矣。昔美国一度建设共和政体，其基础遂确乎不拔，日益发达，继长增高，以迄今日；法国则自一七八九年大革命以后，君民两党，互起互仆，垂半世纪余，而至今民权之盛，犹不及英美者，则法兰西民族之制裁力，远出英吉利民族之下故也。然则自治之德不备，而徒漫言自由，是将欲急之，反以缓之；将欲利之，反以害之也。故自由与制裁二者，不惟不相悖而已，又乃相待而成，不可须臾离。言自由主义者，不可不于此三致意也。

其三　自信与虚心

自信力者，成就大业之原也。西哲有言曰："凡人皆立于所欲立之地。是故欲为豪杰，则豪杰矣；欲为奴隶，则奴隶矣。"孟子曰："自谓不能者，自贼者也。"又曰："自暴者不可与有言也，自弃者不可与有为也。"天下人固有识想与议论过绝寻常，而所行事不能有益于大局者，必其自信力不足者也。有初时持一宗旨，任一事业，及为外界毁誉之所刺激，或半途变更废止，不能达其目的地者，必其自信力不足者也。居今日之中国，上之不可不冲破二千年顽谬之学理，内之不可不鏖战四百兆群盲之习俗，外之不可不对抗五洲万国猛烈侵略、温柔笼络之方策，非有绝大之气魄，绝大之胆量，岂能于此四面楚歌中，打开一条血路，以导我国民于新世界者乎？伊尹曰："余天民之先觉者也，余将以斯道觉斯民也，非余觉之而谁也？"孟子曰："夫天未欲平治天下也，如欲平治天下，当今之世，舍我其谁也？"抑何其言之大而夸欤？自信则然耳。故我国民而自以为国权不能保，斯不能保矣；若人人以自信力奠定国权，强邻孰得而侮之？国民而自以为民权不能兴，斯不能兴矣；若人人以自信力夺争民权，民贼孰得而压之？而欲求国民全体之自信力，必先自志士仁人之自信力始！

或问曰：吾见有顽锢之辈，抱持中国一二经典古义，谓可以攘斥外国凌铄全球者，若是者非其自信力乎？吾见有少年学子，摭拾一二新理新说，遂自以为足，废学高谈，目空一切者，若是者非其自信力乎？由前之说，则中国人中富于自信力者，莫如端王、刚毅；由后之说，则如格兰斯顿之耄而向学，奈端之自视欿然，非其自信力之有不足乎？曰：恶，是何言欤！自信与虚心，相反而相成者也。人之能有自信力者，必其气象阔大，其胆识雄远，既注定一目的地，则必求贯达之而后已。而当其始之求此目的地也，必校群长以择之；其继之行此目的地也，必集群力以图之。故愈自重者愈不敢轻薄天下人，愈坚忍者愈不敢易视天下事。海纳百川，任重致远，殆其势所必然也。彼故见自封、一得自喜者，是表明其器小易盈之迹于

◎《劳谦》 清 曾国藩

天下。如河伯之见海若，终必望洋而气沮；如辽豕之到河东，卒乃怀惭而不前：未见其自信力之能全始全终者也。故自信与骄傲异：自信者常沉着，而骄傲者常浮扬；自信者在主权，而骄傲者在客气。故豪杰之士，其取于人者，常以三人行必有我师为心；其立于己者，常以百世俟圣而不惑为鹄。夫是之谓虚心之自信。

其四　利己与爱他

为我也，利己也，私也，中国古义以为恶德者也。是果恶德乎？曰：恶，是何言！天下之道德法律，未有不自利己而立者也。对于禽兽而倡自贵知类之义，则利己而已，而人类之所以能主宰世界者赖是焉；对于他族而倡爱国保种之义，则利己而已，而国民之所以能进步繁荣者赖是焉。故人而无利己之思想者，则必放弃其权利，弛掷其责任，而终至于无以自立。彼芸芸万类，平等竞存于天演界中，其能利己者必优而胜，其不能利己者必劣而败，此实有生之公例矣。西语曰："天助自助者。"故生人之大患，莫甚于不自助而望人之助我，不自利而欲人之利我。夫既谓之人矣，则安有肯助我而利我者乎？又安有能助我而利我者乎？国不自强，而望列国之为我保全，民不自治，而望君相之为我兴革，若是者，皆缺利己之德而已。昔中国杨朱以"为我"立教，曰："人人不拔一毫，人人不利天下，天下治矣。"吾昔甚疑其言，甚恶其言，及观英德诸国哲学大家之书，其所标名义与杨朱吻合者，不一而足；而其理论之完备，实有足以助人群之发达，进国民之文明者。盖西国政治之基础，在于民权，而民权之巩固，由于国民竞争权利，寸步不肯稍让，即以人人不拔一毫之心，以自利者利天下。观于此，然后知中国人号称利己心重者，实则非真利己也。苟其真利己，何以他人剥夺己之权利，握制己之生命，而恬然安之，恬然让之，曾不以为意也？故今日不独发明墨翟之学足以救中国，即发明杨朱之学亦足以救中国。

问者曰：然则爱他之义，可以吐弃乎？曰：是不然。利己心与爱他心，一而非二者也。近世哲学家，谓人类皆有两种爱己心：一本来之爱己心，二变相之爱己心。变相之爱己心者，即爱他心是也。凡人不能以一身而独立于世界也，于是乎有群。其处于一群之中而与侪侣共营生存也，势不能独享利益，而不顾侪侣之有害与否，苟或尔尔，则己之利未见而害先睹矣。故善能利己者，必先利其群，而后己之利亦从而进焉。以一家论，则我之家兴，我必蒙其福，我之家替，我必受其祸；以一国论，则国之强也，生长于其国者罔不强，国之亡也，生长于其国者罔不亡。故真能爱己者，不得不推此心以爱家、爱国，不得不推此心以爱家人、爱国人，于是乎爱他之义生焉。凡所以爱他者，亦为我而已。故苟深明二者之异名同源，固不必侈谈"兼爱"以为名高，亦不必讳言"为我"以自欺蔽。但使举利己之实,自然成为爱他之行;充爱他之量,自然能收利己之效。

其五　破坏与成立

破坏亦可谓之德乎?破坏犹药也。药所以治病,无病而药,则药之害莫大;有病而药,则药之功莫大。故论药者,不能泛然论其性之良否,而必以其病之有无与病药二者相应与否,提而并论,然后药性可得而言焉。破坏本非德也,而无如往古来今之世界,其蒙垢积污之时常多,非时时摧陷廓清之,则不足以进步,于是而破坏之效力显焉。今日之中国,又积数千年之沉疴,合四百兆之痼疾,盘踞膏肓,命在旦夕者也。非去其病,则一切调摄、滋补、荣卫之术,皆无所用。故破坏之药,遂成为今日第一要件,遂成为今日第一美德。世有深仁博爱之君子,惧破坏之剧且烈也,于是窃窃然欲补苴而幸免之。吾非不惧破坏,顾吾尤惧夫今日不破坏,而他日之破坏终不可免,且愈剧而愈烈也。故与其听彼自然之破坏而终不可救,无宁加以人为之破坏而尚可有为。自然之破坏者,即以病致死之喻也;人为之破坏者,即以药攻病之喻也。故破坏主义之在今日,实万无可避者也。《书》曰:"若药不瞑眩,厥疾不瘳。"西谚曰:"文明者非徒购之以价值而已,又购之以苦痛。"破坏主义者,实冲破文明进步之阻力,扫荡魑魅罔两之巢穴,而救国救种之下手第一着也。处今日而犹惮言破坏者,是毕竟保守之心盛,欲布新而不欲除旧,未见其能济者也。

破坏之与成立,非不相容乎?曰:是不然。与成立不相容者,自然之破坏也;与成立两相济者,人为之破坏也。吾辈所以汲汲然倡人为之破坏者,惧夫委心任运听其自腐自败,而将终无成立之望也,故不得不用破坏之手段以成立之。凡所以破坏者为成立也,故持破坏主义者,不可不先认此目的。苟不尔,则满朝奴颜婢膝之官吏,举国醉生梦死之人民,其力自足以任破坏之役而有余,又何用我辈之汲汲为也?故今日而言破

《自由引导人民》 法国 德拉克洛瓦

坏，当以不忍人之心，行不得已之事。彼法国十八世纪末叶之破坏，所以造十九世纪近年之成立也；彼日本明治七、八年以前之破坏，所以造明治二十三年以后之成立也。破坏乎，成立乎，一而二、二而一者也。虽然，天下事成难于登天，而败易于下海。故苟不案定目的，而惟以破坏为快心之具，为出气之端，恐不免为无成立之破坏。譬之药不治病，而徒以速死，将使天下人以药为诟，而此后讳疾忌医之风将益炽。是亦有志之士不可不戒者也。

结论

呜呼！老朽者不足道矣！今日以天下自任而为天下人所属望者，实惟中国之少年。我少年既以其所研究之新理新说公诸天下，将以一洗数千年之旧毒，甘心为四万万人安坐以待亡国者之公敌，则必毋以新毒代旧毒，毋使敌我者得所口实，毋使旁观者转生大惑，毋使后来同志者反因我而生阻力。然则其道何由？亦曰：知有合群之独立，则独立而不轧铄；知有制裁之自由，则自由而不乱暴；知有虚心之自信，则自信而不骄盈；知有爱他之利己，则利己而不偏私；知有成立之破坏，则破坏而不危险。所以治身之道在是，所以救国之道亦在是。天下大矣，前途远矣，行百里者半九十，是在少年！是在吾党！

东南大学课毕告别辞

诸君,我在这边讲学半年,大家朝夕在一块儿相处,我很觉得快乐。并且因为我任有一定的功课,也催逼着我把这部十万余言的《先秦政治思想史》著成,不然,恐怕要等到十年或十余年之后。中间不幸身体染有小病,即今还未十分复原,我常常恐怕不能完课,如今幸得讲完了。这半年以来,听讲的诸君,无论是正式选课或是旁听,都是始终不曾旷课,可以证明诸君对于我所讲有十分兴味。今当分别,彼此实在很觉得依恋难舍,因为我们这半年来,彼此人格上的交感不少。最可惜者,因为时间短促,以致仅有片面的讲授,没有相互的讨论,所谓"教学相长",未能如愿做到。今天为这回最末的一次讲演,当作与诸君告别之辞。

纯阳登时将手一指,点石成金。就问那个人要否?那人只摇着头,说不要。吕纯阳再点一块大的试他,那人仍是不为所动。吕纯阳心里便十分欢喜,以为道有可传的人了,但是还恐怕靠不住,再以更大的金块试他,那人果然仍是不要。吕纯阳便问他不要的原因,满心承望他答复一个热心向道。哪晓得那人不然,他说,我不要你点成了的金块,我是要你那点金的指头,因为有了这指头,便可以自由点用。这虽是个笑话,但却很有意思。所以很盼诸君,要得着这个点石成金的指头——做学的方法,那么,以后才可以自由探讨,并可以辩正师傅的是否。教拳术的教师,最少要希望徒弟能与他对敌,学者亦当悬此为鹄,最好是要青出于蓝而胜于蓝。若仅仅是看前人研究所得,而不自行探讨,那么,得一便不能知其二。且取法乎上,得仅在中,这样,学术岂不是要一天退化一天吗?人类知识进步,乃是要后人超过前人。后人应用前人的治学方法,而复从旧方法中,开发出新方法来,方法一天一天地增多,便一天一天地改善,拿着改善的新方法去治学,自然会优于前代。我个人的治学方法,或可以说是不错,我自己应用来也有些成效,可惜这次全部书中所说的,仍为知识的居多,还未谈做学的方法。倘若诸君细心去看,也可以寻找得出来,既经找出,再循着这方法做去,或者更能发现我的错误,或是来批评我,那就是我最欢喜的。

我今天演讲,不是关于知识方面的问题,诚然,知识在人生地位上,也是非常紧要,我从来并未将他看轻。不过,若是偏重知识,而轻忽其他人生重要之部,也是不行的。现在中国的学校,简直可说是贩卖知识的杂货店,文、哲、工、商,各有经理,一般来求学的,也完全以顾客自命。固然欧美也同坐此病，不过病的深浅，略有不同。我以为长此以往，一定会发生不好的现象。中国现今政治上的窳败，何尝不是前二十年教育不良的结果。盖二十年前的教育，全采用日德的军队式，并且仅能袭取皮毛，以至造成今日一般无自动能力的人。现在哩，教育是完全换了路了，美国式代日式、德式而兴，不出数年，我敢说是全部要变成美国化，或许我们这里——东南大学——就是推行美化的大本营。美国式的教育，诚然是比德国式、日本式的好，但是毛病还很多，不是我们理想之鹄。英人罗素回国后，颇艳称中国的文化，发表的文字很多，他非常盼望我们这占全人类四分之一的特殊民族，不要变成了美国的"丑化"。这一点可说是他看得很清楚。美国人切实敏捷，诚然是他们的长处，但是中国人即使全部将他移植过来，使纯粹变成了一个东方的美国，慢讲没有这种可能，即能，我不知道诸君怎样，我是不愿的。因为倘若果然如此，那真是罗素所说的，把这有特质的民族，变成了丑化了。

我们看得很清楚，今后的世界，决非美国式的教育所能域领。现在多数美国的青年，而且是好的青年，所做何事？不过是一生到死，急急忙忙的，不任一件事放过。忙进学校，忙上课，忙考试，忙升学，忙毕业，忙得文凭，忙谋事，忙花钱，忙快乐，忙恋爱，忙结婚，忙养儿女，还有最后一忙——忙死。他们的少数学者，如詹姆士之流，固然总想为他们别开生面，但是大部分已经是积重难返。像在这种人生观底下过活，那么，千千万万人，前脚接后脚的来这世界上走一趟，住几十年，干些什么哩？唯一无二的目的，岂不是来做消耗面包的机器吗？或是怕那宇宙间的物质运动的大轮子，缺了发动力，特自来供给他燃料。果真这样，人生还有一毫意味吗？人类还有一毫价值吗？现在全世界的青年都因此无限的悽惶失望。知识愈多，沉闷愈苦，中国的青年，尤为利害，因为政治社会不安宁，家国之累，较他人为甚，环顾宇内，精神无可寄托。

从前西人唯一维系内心之具，厥为基督教，但是科学昌明后，第一个致命伤，便是宗教。从前在苦无可诉的时候，还得远远望着冥冥的天堂；现在呢，知道了，人类不是什么上帝创造，天堂更渺不可凭。这种宗教的麻醉剂，已是无法存在。讲到哲学嘛，西方的哲人，素来只是高谈玄妙，不得真际，所足恃为人类安身立命之具，也是没有。再如讲到文学嘛，似乎应该少可慰藉，但是欧美现代的文学，完全是刺激品，不过叫人稍醒麻木，但一切耳目口鼻所接，都足陷人于疲敝，刺激一次，疲麻的程度又增加一次。如吃辣椒然，浸假而使舌端麻木到极点，势非取用极辣的胡椒来刺激不可。这种刺激的功用，简直如有烟癖的人，把鸦片或吗啡提精神一般。虽精神或可暂时振起，但是这种精神，不是鸦片和吗啡带得来的，是预支将来的精神。所以说，一次预支，一回减少；一番刺激，一度疲麻。现在他们的文学，只有短篇的最合胃口，小诗两句或三句，戏剧要独幕的好。至于荷马、但丁，屈原、宋玉，那种长

◎《我们从何处来？我们是谁？我们向何处去？》 法国　高更

篇的作品，可说是不曾理会。因为他们碌碌于舟车中，时间来不及，目的只不过取那种片时的刺激，大大小小，都陷于这种病的状态中。所以他们一般有先见的人，都在遑遑求所以疗治之法。我们把这看了，那么，虽说我们在学校应求西学，而取舍自当有择，若是不问好歹，无条件的移植过来，岂非人家饮鸩，你也随着服毒？可怜可笑孰甚！

近来，国中青年界很习闻的一句话，就是"知识饥荒"，却不晓得，还有一个顶要紧的"精神饥荒"在那边。中国这种饥荒，都闹到极点，但是只要我们知道饥荒所在，自可想方法来补救。现在精神饥荒，闹到如此，而人多不自知，岂非危险？一般教导者，也不注意在这方面提倡，只天天设法怎样将知识去装青年的脑袋子，不知道精神生活完全，而后多的知识才是有用。苟无精神生活的人，为社会计，为个人计，都是知识少装一点为好。因为无精神生活的人，知识愈多，痛苦愈甚，做歹事的本领也增多。例如黄包车夫，知识粗浅，他决没有有知识的青年这样的烦闷，并且作恶的机会也很少。大奸慝的卖国贼，都是智识阶级的人做的。由此可见，没有精神生活的人，有知识实在危险。盖人苟无安身立命之具，生活便无所指归，生理心理，并呈病态。试略分别言之。就生理言，阳刚者必至发狂自杀，阴柔者自必委靡沉溺。再就心理言，阳刚者便悍然无顾，充分的恣求物质上的享乐，然而欲望与物质的增加率，相竞腾升，故虽有妻妾宫室之奉，仍不觉快乐；阴柔者便日趋消极，成了一个竞争场上落伍的人，悽惶失望，更为痛苦。故谓精神生活不全，为社会，为个人，都是知识少点的为好。

因此我可以说为学的首要，是救精神饥荒。救济精神饥荒的方法，我认为东方的——中国与印度——比较最好。东方的学问，以精神为出发点；西方的学问，以物质为出发点。救知识饥荒，在西方找材料；救精神饥荒，在东方找材料。东方的人生观，无论中国、印度，皆认物质生活为第二位，第一就是精神生活。物质生活，仅视为补助精神生活的一种工具，求能保持肉体生存为已足，最要在求精神生活的绝对自由。精神生活，贵能对物质界宣告独立，至少要不受其牵掣。如吃珍味，全是献媚于舌，并非精神上的需要，劳苦许久，仅为一寸软肉的奴隶，此即精神不自由。以身体全部论，吃面包亦何尝不可以饱?甘为肉体的奴隶,即精神为所束缚,必能不承认舌——一寸软肉为我,方为精神独立。东方的学问道德,几乎全部是教人如何方能将精神生活,对客观的物质或己身的肉体宣告独立,佛家所谓解脱,近日谓解放,亦即此意。客观物质的解放尚易,最难的为自身——耳目口鼻的解放。西方言解放,尚不及此,所以就东方先哲的眼光看去,可以说是浅薄的,不彻底的。东方的主要精神,即精神生活的绝对自由。

求精神生活绝对自由的方法,中国、印度不同。印度有大乘、小乘不同,中国有儒、墨、道各家不同。就讲儒家,又有孟、荀、朱、陆的不同,任各人性质机缘之异,而各择一条路走去。所以具体的方法,很难讲出,且我用的方法,也未见真是对的,更不能强诸君从同。但我自觉烦闷时少,自二十余岁到现在,不敢说精神已解脱,然所以烦闷少,也是靠此一条路,以为精神上的安慰。至于先哲教人救济精神饥荒的方法,约有两条:(一)裁抑物质生活,使不得猖獗,然后保持精神生活的圆满。如先平盗贼,然后组织强固的政府。印度小乘教,即用此法;中国墨家、道家的大部,以及儒家程朱,皆是如此。以程朱为例,他们说的持敬制欲,注重在应事接物上裁抑物质生活,以求达精神自由的境域。(二)先立高尚美满的人生观,自己认清楚将精神生活确定,靠其势力以压抑物质生活,如此,不必细心检点,用拘谨功夫,自能达到精神生活绝对自由的目的。此法可谓积极的,即孟子说:"先立乎其大者,则其小者不能夺也。"不主张一件一件去对付,且不必如此。先组织强固的政府,则地方自安,即有小丑跳梁,不必去管,自会消灭。如雪花飞近大火,早已自化了。此法佛家大乘教、儒家孟子、陆王皆用之,所谓"浩然之气",即是此意。

以上二法,我不过介绍与诸君,并非主张诸君一定要取某种方法。两种方法虽异,而认清精神要解脱这一点却同。不过说青年时代应用的,现代所适用的,我以为采积极的方法较好,就是先立定美满的人生观,然后应用之以处世。至于如何的人生观方为美满,我却不敢说。因为我的人生观,未见得真是对的,恐怕能认清最美满的人生观,只有孔子、释迦牟尼有此功夫。我现在将我的人生观讲一讲,对不对,好不好,另为

◎《杖藜远眺》 明 沈周

一问题。

我自己的人生观，可以说是从佛经及儒书中领略得来。我确信儒家、佛家有两大相同点：（一）宇宙是不圆满的，正在创造之中，待人类去努力，所以天天流动不息，常为缺陷，常为未济。若是先已造成——既济的，那就死了，固定了，正因其在创造中，乃如儿童时代，生理上时时变化，这种变化，即人类之努力。除人类活动以外，无所谓宇宙。现在的宇宙，离光明处还远，不过走一步比前好一步，想立刻圆满，不会有的，最好的境域——天堂、大同、极乐世界——不知在几千万年之后，决非我们几十年生命所能做到的。能了解此理，则做事自觉快慰，以前为个人、为社会做事，不成功或做坏了，常感烦闷；明乎此，知做事不成功，是不足忧的。世界离光明尚远，在人类努力中，或偶有退步，不过是一现象。譬如登山，虽有时下，但以全部看，仍是向上走。青年人烦闷，多因希望太过，知政治之不良，以为经一次改革，即行完满，及屡试而仍有缺陷，于是不免失望。不知宇宙的缺陷正多，岂是一步可升天的？失望之因，即根据于奢望过甚。《易经》说："乐则行之，忧则违之，确乎其不可拔。"此言甚精采。人要能如此看，方知人生不能不活动，而有活动，却不必往结果处想，最要不可有奢望。我相信孔子即是此人生观，所以"发愤忘食，乐以忘忧，不知老之将至"。他又说："智者乐水，仁者乐山；智者动，仁者静；智者乐，仁者寿。"天天快活，无一点烦闷气象，这是一件最重要的事。

（二）人不能单独存在，说世界上哪一部分是我，很不对的，所以孔子"毋我"，佛家亦主张"无我"。所谓无我，并不是将固有的我压下或抛弃，乃根本就找不出我来。如说几十斤的肉体是我，那么，科学发明，证明我身体上的原质，也在诸君身上，也在树身上；如说精神的某部分是我，我敢说今天我讲演，我已跑入诸君精神里去了，常住学校中许多精神，变为我的一部分。读孔子的书及佛经，孔、佛的精神，又有许多变为我的一部分。再就社会方面说，我与我的父母妻子，究竟有若干区别，许多人——不必尽是纯孝——看父母比自己还重要，此即我父母将我身之我压小。又如夫妇之爱，有妻视其夫，或夫视其妻，比己身更重的。然而何为我呢？男子为我，抑女子为我，实不易分，故彻底认清我之界限，是不可能的事。（此理佛家讲得最精，惜不能多说。）世界上本无我之存在，能体会此意，则自己做事，成败得失，根本没有。佛说："有一众生不成佛，我不成佛。""我不入地狱，谁入地狱？"至理名言，洞若观火。孔子也说："诚者非但诚己而已也。……"将为我的私心扫除，即将许多无谓的计较扫除，如此，可以做到"仁者不忧"的境域；有忧时，就是"先天下之忧而忧"，为人类——如父母、妻子、朋友、国家、世界——而痛苦。免除私忧，即所以免烦恼。

我认东方宇宙未济人类无我之说，并非伦理学的认识，实

◎《关山行旅图》 明 戴进

在如此。我用功虽少,但时时能看清此点,此即我的信仰。我常觉快乐,悲愁不足扰我,即此信仰之光明所照。我现已年老,而趣味淋漓,精神不衰,亦靠此人生观。至于我的人生观,对不对,好不好,或与诸君的病合不合,都是另外一问题。我在此讲学,并非对于诸君有知识上的贡献,有呢,就在这一点。好不好,我自己也不知道。不过,诸君要知道自己的精神饥荒,要找方法医治,我吃此药,觉得有效,因此贡献诸君采择。世界的将来,要靠诸君努力。

国学的趣味

治国学的两条大路

诸君,我对于贵会,本来预定讲演的题目,是《古书之真伪及其年代》。中间因为有病,不能履行原约。现在我快要离开南京了,那个题目不是一回可以讲完,而且范围亦太窄。现在改讲本题,或者较为提纲挈领,于诸君有益吧。

我以为研究国学有两条应走的大路:

一、文献的学问。应该用客观的科学方法去研究。

二、德性的学问。应该用内省的和躬行的方法去研究。

第一条路,便是近人所讲的"整理国故"这部分事业。这部分事业最浩博最繁难而且最有趣的,便是历史。我们是有五千年文化的民族,我们一家里弟兄姊妹们,便占了全人类四分之一,我们的祖宗世世代代在"宇宙进化线"上头不断的做他们的工作,我们替全人类积下一大份遗产,从五千年前的老祖宗手里一直传到今日没有失掉。我们许多文化产品,都用我们极优美的文字记录下来。虽然记录方法不很整齐，虽然所记录的随时散失了不少，但即以现存的正史、别史、杂史、编年、纪事本末、法典、政书、方志、谱牒，以至各种笔记、金石刻文等类而论，十层大楼的图书馆也容不下。拿历史家眼光看来，一字一句，都藏有极可宝贵的史料。

又不独史部书而已，一切古书，有许多人见为无用者，拿他当历史读，都立刻变成有用。章实斋说："六经皆史。"这句话我原不敢赞成，但从历史家的立脚点看，说"六经皆史料"，那便通了。既如此说，则何止六经皆史，也可以说诸子皆史，诗文集皆史，小说皆史。因为里头一字一句都藏有极可宝贵的史料，和史部书同一价值。我们家里头这些史料，真算得世界第一个丰富矿穴。从前仅用土法开采，采不出什么来，现在我们懂得西法了，从外国运来许多开矿机器了。这种机器是什么？是科学方法。我们只要把这种方法运用得精密巧妙而且耐烦，自然会将这学术界无尽藏的富源开发出来，不独对得起先人，而且可以替世界人类恢复许多公共产业。

这种方法之应用，我在我去年所著的《历史研究法》和前两个月在本校所讲的《历史统计学》里头，已经说过大概。虽然还有许多不尽之处，但我敢说这条路是不错的，诸君倘肯循着路深究下去，自然也会发出许多支路，不必我细说了。但我们要知道，这个矿太大了，非分段开采不能成功，非一直开到深处不能得着宝贝。我们一个人一生的精力，能够彻底开通三几处矿苗,便算了不得的大事业。因此我们感觉着有发起一个合作运动之必要,合起一群人,在一个共同目的共同计划之下,各人从其性之所好以及平时的学问根底,各人分担三两门作窄而深的研究,拼着一二十年工夫下去,这个矿或者可以开得有点眉目了。

此外,和史学范围相出入或者性质相类似的文献学还有许多,都是要用科学方法研究去。

此外则为德性学。此学应用内省及躬行的方法来研究,与文献学之应以客观的科学方法研究者绝不同。这可说是国学里头最重要的一部分,人人应当领会的。必走通了这一条路,乃能走上那一条路。

近来国人对于知识方面,很是注意,整理国故的名词,我们也听得纯熟。诚然,整理国故,我们是认为急务,不过若是谓除整理国故外,遂别无

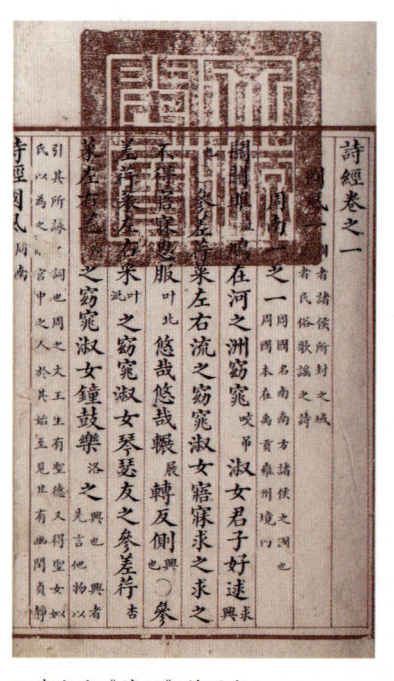

◎ 清内府《诗经》精写本

学问，那却不然。我们的祖宗遗予我们的文献宝藏，诚然足以傲世界各国而无愧色，但是我们最特出之点，仍不在此。其学为何？即人生哲学是。

欧洲哲学上的波澜，就哲学史家的眼光看来，不过是主智主义与反主智主义两派之互相起伏。主智者主智，反主智者即主情、主意。本来人生方面，也只有智、情、意三者。不过欧人对主智特别注重，而于主情、主意，亦未能十分贴近人生。盖欧人讲学，始终未以人生为出发点。至于中国先哲则不然。无论何时代何宗派之著述，夙皆归纳于人生这一途，而于西方哲人精神萃集处之宇宙原理、物质公例等等，倒都不视为首要。故《荀子·儒效》篇曰："道，仁之隆也。……非天之道，非地之道，人之所以道也。"儒家既纯以人生为出发点，所以以"人之所以为道"为第一位，而于天之道等，悉以置诸第二位。

而欧西则自希腊以来，即研究他们所谓的形而上学，一天到晚，只在那里高谈宇宙原理，凭空冥索，终少归宿到人生这一点。苏格拉底号称西方的孔子，很想从人生这一方面做工夫，但所得也十分幼稚。他的弟子柏拉图，更不晓得循着这条路去发挥，至全弃其师传，而复研究其所谓天之道。亚里士多德出，于是又反趋于科学。后人有谓道源于亚里士多德的话，其实他也不过仅于科学方面有所创发，离人生毕竟还远得很。追后斯端一派，大概可与中国的墨子相当，对于儒家，仍是望尘莫及。一到中世纪，欧洲全部统成了宗教化。残酷的罗马与日耳曼人，悉受了宗教的感化，而渐进于迷信。宗教方面，本来主情意的居多，但是纯以客观的上帝来解决人生，终竟离题尚远。后来再一个大反动，便是"文艺复兴"，遂一变主情、主意之宗教，而代以理智。近代康德之讲范畴、范围，更过于严谨，好像我们的临"九宫格"一般。所以他们这些，都可说是没有走到人生的大道上去。直到詹姆士、柏格森、倭铿等出，才感觉到非改走别的路不可，很努力的从体验人生上做去，也算是把从前机械的唯物的人生观，拨开几重云雾。但是真果拿来与我们儒家相比，我可以说仍然幼稚。

总而言之，西方人讲他的形而上学，我们承认有他独到之处。换一方面，讲客观的科学，也非我们所能及。不过最奇怪的，是他们讲人生也用这种方法，结果真弄到个莫明其妙。譬如用形而上学的方法讲人，绝不想到是从人生的本体来自证，却高谈玄妙，把冥冥莫测的上帝来对喻。再如用科学的方法讲，尤为妙极。试问人生是什么？是否可以某部当几何之一角、三角之一边？是否可以用化学的公式来化分、化合，或是用几种原质来造成？再如达尔文之用生物进化说来讲人生，征考详博，科学亦莫能摇动，总算是壁垒坚固；但是果真要问他人之所以异于禽兽者安在？人既自猿进化而来，为什么人自人而猿终为猿？恐怕他也不能给我们以很有理由的解答。

总之，西人所用的几种方法，仅能够用之以研究人生以外的各种问题，人，决不是这样机械易懂的。欧洲人却始终未彻悟到这一点，只盲目的往前做，结果造成了今日的烦闷，彷徨莫知所措。盖中世纪时，人心还能依赖着宗教过活；及乎今日，科学昌明，赖以醉麻人生的宗教，完全失去了根据。人类本从下等动物蜕化而来，哪里有什么上帝创造？宇宙一切现象，不过是物质和他的运动，还有什么灵魂？来世的天堂，既不可凭，眼前的利害，复日相肉迫。怀疑失望，都由之而起，真正是他们所谓的世纪末了。

以上我等看西洋人何等可怜！肉搏于这种机械唯物的枯燥生活当中，真可说是始终未闻大道。我们不应当导他们于我们祖宗这一条路上去吗？以下便略讲我们祖宗的精神所在。我们看看是否可以终身受用不尽，并可以救他们西人物质生活之疲敝。

我们先儒始终看得知行是一贯的，从无看到是分离的。后人多谓知行合一之说，为王阳明所首倡，其实阳明也不过是就孔子已有的发挥。孔子一生为人，处处是知行一贯。从他的言论上，也可以看得出来。他说"学而不厌"，又说"为之不厌"，可知"学"即是"为"，"为"即是"学"。盖以知识之扩大，在人努力的自为，从不像西人之从知识方法而求知识。所以王阳明曰："知而不行，是谓不知。"所以说这类学问，必须自证，必须躬行，这却是西人始终未看得的一点。

又儒家看得宇宙人生是不可分的，宇宙绝不是另外一件东

◎《看泉听风图》 明 唐寅

西,乃是人生的活动。故宇宙的进化,全基于人类努力的创造。所以《易经》曰:"天行健,君子以自强不息。"又看得宇宙永无圆满之时,故易卦六十四,始《乾》而以《未济》终。盖宇宙"既济",则乾坤已息,还复有何人类?吾人在此未圆满的宇宙中,只有努力的向前创造。这一点,柏格森所见的,也很与儒家相近。他说宇宙一切现象,乃是意识流转所构成,方生已灭,方灭已生,生灭相衔,方成进化。这些生灭,都是人类自由意识发动的结果。所以人类日日创造,日日进化。这意识流转,就唤作精神生活,是要从内省直觉得来的。他们既知道变化流转,就是宇宙真相,又知道变化流转之权,操之在我。所以孔子曰:"人能弘道,非道弘人。"儒家既看清了以上各点,所以他的人生观,十分美渥,生趣盎然。人生在此不尽的宇宙当中,不过是蜉蝣、朝露一般,向前做得一点是一点,既不望其成功，苦乐遂不系于目的物，完全在我，真所谓"无人而不自得"。有了这种精神生活，再来研究任何学问，还有什么不成？

那么，或有人说，宇宙既是没有圆满的时期，我们何不静止不做，好吗？其实不然。人既为动物，便有动作的本能，穿衣吃饭，也是要动的。既是人生非动不可，我们就何妨就我们所喜欢做的、所认为当做的做下去？我们最后的光明，固然是远在几千万年几万万年之后，但是我们的责任，不是叫一蹴而就的达到目的地，是叫我们的目的地，日近一日。我们的祖宗，尧、舜、禹、汤、孔、孟……在他们的进行中，长的或跑了一尺，短的不过跑了数寸，积累而成，才有今日。我们现在无论是一寸半分，只要往前跑才是。为现在及将来的人类受用，这都是不可逃的责任。孔子曰："士不可以不弘毅，任重而道远，仁以为己任，不亦重乎？死而后已，不亦远乎？"所以我们虽然晓得道远之不可致，还是要努力的到死而后已。故孔子是"知其不可而为之者"。正为其知其不可而为，所以生活上才含着春意。若是不然，先计较他可为不可为，那么，情志便系于外物，忧乐便关乎得失；或竟因为计较利害的原故，使许多应做的事，反而不做。这样，还哪里领略到生活的乐趣呢？

再其次，儒家是不承认人是单独可以存在的。故"仁"的社会，为儒家理想的大同社会。"仁"字，从二、人，郑玄曰：

"仁，相人偶也。"(《礼记注》)非人与人相偶，则"仁"的概念不能成立。故孤行执异，绝非儒家所许。盖人格专靠各个自己，是不能完成。假如世界没有别人，我的人格，从何表现？譬如全社会都是罪恶，我的人格受了传染和压迫，如何能健全？由此可知人格是个共同的，不是孤零的。想自己的人格向上，唯一的方法，是要社会的人格向上。然而社会的人格，本是各个自己化合而成。想社会的人格向上，唯一的方法，又是要自己的人格向上。明白这个，意力和环境提携，便成进化的道理。所以孔子教人"己欲立，而立人；己欲达，而达人"。所谓立人、达人，非立、达别人之谓，乃立、达人类之谓。彼我合组成人类，故立、达彼，即是立、达人类。立、达人类，即是立、达自己。更用取譬的方法，来体验这个达字，才算是"仁之方"。其他《论语》一书，讲仁字的，屡见不一见。

儒家何其把仁字看得这么重要呢？即上面所讲的，儒家学问，专以研究"人之所以道"为本，明乎仁，人之所以道自见。孟子曰："仁也者，人也；合而言之，道也。"盖仁之概念，与人之概念相涵，人者，通彼我而始得名。彼我通，乃得谓之仁。知乎人与人相通，所以我的好恶，即是人的好恶。我的精神中，同时也含有人的精神。不徒是现世的人为然，即如孔孟远在二千年前，他的精神，亦浸润在国民脑中不少。可见彼我相通，虽历百世不变。儒家从这一方面看得至深且切，而又能躬行实践，"无终食之间违仁"，这种精神，影响于国民性者至大。

即此一份家业，我可以说真是全世界唯一无二的至宝。这绝不是用科学的方法可以研究得来的，要用内省的工夫，实行体验。体验而后，再为躬行实践，养成了这副美妙的仁的人生观，生趣盎然的向前进。无论研究什么学问，管许是兴致勃勃。孔子曰"仁者不忧"，就是这个道理。不幸汉以后这种精神便无人继续的弘发，人

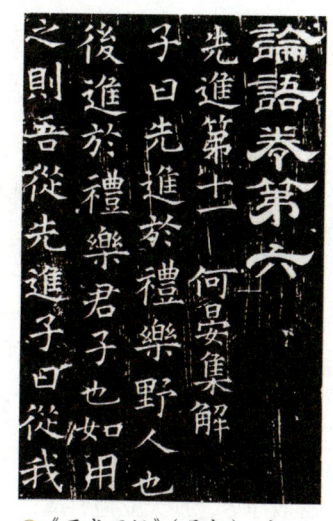

◎《开成石经》（局部） 唐

生观也渐趋于机械。八股制兴，孔子的真面目日失。后人曰称"寻孔颜乐处"，究竟孔颜乐处在哪里，还是莫名其妙。我们既然诵法孔子，应该好好保存这份家私——美妙的人生观，才不愧是圣人之徒啊！

此外我们国学的第二源泉，就是佛教。佛，本传于印度，但是盛于中国，现在大乘各派，五印全绝。正法一派，全在中国。欧洲人研究佛学的甚多，梵文所有的经典，差不多都翻出来。但向梵文里头求大乘，能得多少？我们自创的宗派，更不必论了。像我们的禅宗，真可算得应用的佛教，世间的佛教间，的确是印度以外才能发生，的确是表现中国人的特质，叫出世法与入世法并行不悖。他所讲的宇宙精微，的确还在儒家

之上。说宇宙流动不居，永无圆满，可说是与儒家相同。曰："一众生不成佛，我誓不成佛。"即孔子立人、达人之意。盖宇宙最后目的，乃是求得一大人格实现之圆满相，绝非求得少数个人超拔的意思。儒、佛所略不同的，就是一偏于现世的居多，一偏于出世的居多。至于他的共同目的，都是愿世人精神方面，完全自由。

现在自由二字，误解者不知多少。其实人类外界的束缚，他力的压迫，终有方法解除，最怕的是"心为形役"，自己做自己的奴隶。儒、佛都用许多的话来教人，想叫把精神方面的自缚，解放净尽，顶天立地，成一个真正自由的人。这点，佛家弘发得更为深透，真可以说佛教是全世界文化的最高产品。这话，东西人士，都不能否认。此后全世界受用于此的正多。我们先人既辛苦的为我们创下这份产业，我们自当好好的承受。因为这是人生唯一安身立命之具。有了这种安身立命之具，再来就性之所近的，去研究一种学问，那么，才算尽了人生的责任。

诸君听了我这夜的演讲，自然明白我们中国文化，比世界各国并无逊色。那一般沉醉西风，说中国一无所有的人，自属浅薄可笑。《论语》曰："人虽欲自绝，其何伤于日月乎？多见其不知量也！"这边的诸同学，从不对于国学轻下批评，这是很好的现象。自然，我也闻听有许多人讽刺南京学生守旧，但是只要旧的是好，守旧又何足诟病？所以我很愿此次的讲演，更能够多多增进诸君以研究国学的兴味！

孔子之人格

我屡说孔学专在养成人格。凡讲人格教育的人,最要紧是以身作则,然后感化力才大。所以我们要研究孔子的人格。

孔子的人格,在平淡无奇中现出他的伟大,其不可及处在此,其可学处亦在此。前节曾讲过,孔子出身甚微。《史记》说:"孔子贫且贱。"他自己亦说吾少也贱。(孟子说孔子为委吏,乘田皆为贫而仕。)以一个异国流寓之人,而且少孤,幼年的穷苦可想,所以孔子的境遇,很像现今的苦学生,绝无倚靠,绝无师承,全恃自己锻炼自己,渐渐锻成这么伟大的人格。我们读释迦基督墨子诸圣哲的传记,固然敬仰他的为人,但总觉得有许多地方,是我们万万学不到的。唯有孔子,他一生所言所行,都是人类生活范围内极亲切有味的庸言庸行,只要努力学他,人人都学得到。孔子之所以伟大就在此。

近世心理学家说,人性分智(理智)、情(情感)、意(意志)三方面。伦理学家说,人类的良心,不外由这三方面发动。但各人各有所偏,三者调和极难。我说,孔子是把这三件

◎《孔子圣迹图》 明 仇英

调和得非常圆满，而且他的调和方法，确是可模可范。孔子说："知仁勇三者，天下之达德。"又说："知者不惑，仁者不忧，勇者不惧。"知，就是理智的作用；仁，就是情感的作用；勇，就是意志的作用。我们试从这三方面分头观察孔子。

（甲）孔子之知的生活

孔子是个理智极发达的人。无待喋喋，观前文所胪列的学说，便知梗概。但他的理智，全是从下学上达得来。试读《论语》"吾十有五"一章，逐渐进步的阶段，历历可见。他说："我非生而知之者，好古敏以求之者也。"又说："十室之邑，必有忠信如丘者焉，不如丘之好学也。"可见孔子并不是有高不可攀的聪明智慧。他的资质，原只是和我们一样；他的学问，却全由勤苦积累得来。他又说："君子食无求饱，居无求安，敏于事而慎于言，就有道而正焉。可谓好学也已矣。"解释"好学"的意义，是不贪安逸少讲闲话多做实事，常常向先辈请教，这都是最结实的为学方法。他遇有可以增长学问的机会，从不肯放过。郯子来朝便向他问官制。在齐国遇见师襄，便向他学琴。入到太庙，便每事问。那一种遇事留心的精神，可以想见。他说："学如不及，犹恐失之。"又说："学之不讲，是吾忧也。"可见他真是以学问为性命，终身不肯抛弃。他见老子时，大约五十岁了，各书记他们许多问答的话，虽不可尽信，但他虚受的热忱，真是少有了。他晚年读《易》，韦编三绝，还恨不得多活几年好加功研究。他的《春秋》，就是临终那一两年才著成。这些事绩，随便举一两件，都可以鼓励后人向学的勇气。像我们在学堂毕业，就说我学问完成，比起孔子来，真要愧死了。他自己说"其为人也，发愤忘食，乐以忘忧，不知老之将至"云尔。可见他从十五岁到七十三岁，无时无刻不在学问之中。他在理智方面，能发达到这般圆满，全是为此。

（乙）孔子之情的生活

凡理智发达的人，头脑总是冷静的，往往对于世事，作一种冷酷无情的待遇，而且这一类人，生活都会单调性，凡事缺乏趣味。孔子却不然。他是个最富于同情心的人，而且情感很易触动。子食于有丧者之侧，未尝饱也；子见齐衰者，虽狎必变，凶服必式之。可见他对于人之死亡，无论识与不识，皆起恻隐，有时还像神经过敏。朋友死，无所归。子曰："于我殡。"

孔子之卫,遇旧馆人之丧,入而哭之,一哀而出涕。颜渊死,子哭之恸。这些地方,都可证明孔子是一位多血多泪的人。孔子既如此一往情深,所以哀民生之多艰,日日尽心,欲图救济。当时厌世主义盛行,《论语》所载避地避世的人很不少。那长沮说:"滔滔者,天下皆是也。而谁与易之?"孔子却说:"鸟兽不可与同群,吾非斯人之徒与而谁与?天下有道,丘不与易也。"可见孔子栖栖惶惶,不但是为义务观念所驱,实从人类相互间情感发生出热力来。那晨门虽和孔子不同道,他说"是知其不可而为之者与",实能传出孔子心事。像《论语》所记那一班隐者,理智方面都很透亮,只是情感的发达,不及孔子(像屈原一流情感又过度发达了)。

孔子对于美的情感极旺盛,他论韶武两种乐,就拿尽美和尽善对举。一部《易传》,说美的地方甚多(如乾之以美利利天下,如坤之美在其中)。他是常常玩领自然之美,从这里头,得着人生的趣味。所以他说:"天何言哉?四时行焉,百物生焉。天何言哉!"说:"知者乐水,仁者乐山"。前节讲的孔子赞《易》全是效法自然,就是这个意思。曾点言志,说:"浴乎沂,风乎舞雩,咏而归。"孔子喟然叹曰:"吾与点也。"为什么叹美曾点?为他的美感,能唤起人趣味生活。孔子这种趣味生活,看他笃嗜音乐,最能证明。在齐闻韶,闹到三月不知肉味,他老先生不是成了戏迷吗?子于是日哭,则不歌。可见他除了有特别哀痛时,每日总是曲子不离口了。子与人歌而善，必使反之而后和之，可见他最爱与人同乐。孔子因为认趣味为人生要件，所以说："不亦说乎？不亦乐乎？"说"乐以忘忧"，说"知之者不如好之者，好之者不如乐之者"。一个"乐"字，就是他老先生自得的学问。我们从前以为他是一位干燥无味方严可惮的道学先生，谁知不然。他最喜欢带着学生游泰山游舞雩，有时还和学生开玩笑呢！（夫子莞尔而笑……前言戏之耳！）《论语》说"子温而厉，威而不猛，恭而安"，正是表现他的情操恰到好处。

（丙）孔子之意的生活

凡情感发达的人，意志最易为情感所牵，不能强立。孔子却不然，他是个意志最坚定强毅的人。齐鲁夹谷之会，齐人想用兵力劫制鲁侯，说孔丘知礼而无勇，以为必可以得志。谁知孔子拿出他那不畏强御的本事，把许多伏兵都吓退了。又如他反对贵族政治，实行堕三都的政策，非天下之大勇，安能如此？他的言论中，说志说刚说勇说强的最多。如"三军可夺帅也，匹夫不可夺志也"，这是教人抵抗力要强，主意一定，总不为外界所摇夺。如"君子和而不流，强哉矫。中立而不倚，强哉矫。国有道，不变塞焉，强哉矫。国无道，至死不变，强哉矫"，都是表示这种精神。又说："志士仁人，无求生以害仁，有杀身以成仁。"又说："志士不忘在沟壑，勇士不忘丧其元。"

◎《画孔子弟子像卷》(局部) 唐 阎立本

教人以献身的观念,为一种主义或一种义务,常须存以身殉之之心。所以他说"仁者必有勇",又说"见义不为无勇也",可见讲仁讲义,都须有勇才成就了。孔子在短期的政治生活中,已经十分表示他的勇气,他晚年讲学著书,越发表现这种精神。他自己说:"学而不厌,诲人不倦。"这两句语看似寻常,其实不厌不倦,是极难的事。意志力稍为薄弱一点的人,一时鼓起兴味做一件事,过些时便厌倦了。孔子既已认定学问教育是他的责任,一直到临死那一天,丝毫不肯松劲。不厌不倦这两句话,真当之无愧了。他赞《易》,在第一个乾卦,说:"天行健,君子以自强不息"。"自强"是表意志力,"不息"是表这力的继续性。

以上从知情意即知仁勇三方面分析综合,观察孔子。试把中外古人别的伟人哲人来比较,觉得别人或者一方面发达的程度过于孔子,至于三方面同时发达到如此调和圆满,直是未有其比。尤为难得的,是他发达的径路,很平易近人,无论什么

人，都可以学步。所以孔子的人格，无论在何时何地，都可以做人类的模范。我们和他同国，做他后学，若不能受他这点精神的感化，真是自己辜负自己了。

屈原研究

一

中国文学家的老祖宗,必推屈原。从前并不是没有文学,但没有文学的专家。如三百篇及其他古籍所传诗歌之类,好的固不少,但大半不得作者主名,而且篇幅也很短。我们读这类作品,顶多不过可以看出时代背景或时代思潮的一部分。欲求表现个性的作品,头一位就要研究屈原。

屈原的历史,在《史记》里头有一篇很长的列传,算是我们研究史料的人可欣慰的事。可惜议论太多,事实仍少。我们最抱歉的,是不能知道屈原生卒年岁和他所享年寿。据传文大略推算,他该是西纪前三三八至二八八年间的人,年寿最短亦应在五十上下。和孟子、庄子、赵武灵王、张仪等人同时。他是楚国贵族。贵族中最盛者昭、屈、景三家,他便是三家中之一。他曾做过"三闾大夫"。据王逸说:"三闾之职,掌王族三姓,曰昭、屈、景。屈原序其谱属率其贤良以厉国士。"然则他是当时贵族总管了。他曾经得楚怀王的信用,官至"左徒"。据《本传》说:"入则与王图议国事以出号令,出则接遇宾客,应对诸侯,王甚任之。"可见他在政治上曾占很重要的位置,其后被上官大夫所谗,怀王疏了他。怀王在位三十年(西纪前三二八至二九七)。屈原做左徒,不知是哪年的事,但最迟亦在怀王十六年(前三一二)以前。因为那年怀王受了秦相张仪所骗,已经是屈原见疏之后了。假定屈原做左徒在怀王十年前后,那时他的年纪最少亦应二十岁以上,所以他的生年,不能晚于西纪前三三八年。屈原在位的时候,楚国正极强盛。屈原的政策,大概是主张联合六国共摈强秦保持均势。所以虽见疏之后,还做过齐国公使。可惜怀王太没有主意,时而摈秦,时而联秦,任凭纵横家摆弄。卒至"兵挫地削,亡其六郡,身客死于秦,为天下笑"(《本传》文)。怀王死了不到六十年,楚国便亡了。屈原当怀王十六年以后,政治生涯,像已经完全断绝。其后十四年间,大概仍居住郢都(武昌)一带。因为怀王三十年将入秦之时,屈原还力谏,可见他和怀王的关系,仍是藕断丝连了。怀王死后,顷襄王立(前二九八)。屈原的反对党,越发得志,便把他放逐到湖南地方去,后来竟闹到投水自杀。

屈原什么时候死呢?据《卜居》篇说:"屈原既放,三年不得复见。"《哀郢》篇说:"忽若不信兮,至今九年而不复。"假定认这两篇为顷襄王时作品,则屈原最少当西纪前二八八年仍然生存。他脱离政治生活专做文学生活,大概有二十来年的日月。

屈原所走过的地方有多少呢?他著作中所见的地名如下:

令沅湘兮无波,使江水兮安流。

邅吾道兮洞庭。

望涔阳兮极浦。

遗余佩兮澧浦。(《湘君》)

洞庭波兮木叶下。

沅有芷兮澧有兰。

遗余褋兮澧浦。(《湘夫人》)

哀南夷之莫吾知兮,旦余济乎江湘。

乘鄂渚而反顾兮。

邸余车兮方林。

乘舲船余上沅兮。

朝发枉陼兮夕宿辰阳。

入溆浦余儃佪兮,迷不知吾之所如。深林杳以冥冥兮,乃猿狖之所居。……山峻高以蔽日兮,下幽晦以多雨。霰雪纷其无垠兮,云霏霏而承雨。(《涉江》)

发郢都而去闾兮。

过夏首而西浮兮,顾龙门而不见。

背夏浦而西思兮。

惟郢路之辽远兮，江与夏之不可涉。(《哀郢》)

长濑湍流，泝江潭兮。狂顾南行，聊以娱心兮。

低徊夷犹宿北姑兮。(《抽思》)

浩浩沅湘，纷流汩兮。(《怀沙》)

遵江夏以娱忧。(《思美人》)

指炎神而直驰兮，吾将往乎南疑。(《远游》)

路贯庐江兮左长薄。(《招魂》)

内中说郢都，说江夏，是他原住的地方，洞庭、湘水，自然是放逐后常来往的，都不必多考据。最当注意者，《招魂》说的"路贯庐江兮左长薄"，像江西庐山一带，也曾到过。但《招魂》完全是浪漫的文学，不敢便认为事实。《涉江》一篇，含有纪行的意味，内中说"乘舲船余上沅"，说"朝发枉陼，

◎行草《离骚》(局部) 明 文征明

夕宿辰阳",可见他曾一直溯着沅水上游,到过辰州等处。他说的"峻高蔽日,霰雪无垠"的山,大概是衡岳最高处。他的作品中,像"幽独处乎山中""山中人兮芳杜若",这一类话很多。我想他独自一人在衡山上过活了好些日子。他的文学,谅来就在这个时代大成的。

最奇怪的一件事,屈原家庭状况如何?在《本传》和他的作品中,连影子也看不出。《离骚》有"女媭之婵媛兮,申申其詈余"两语。王逸注说:"女媭,屈原姊也。"这话是否对,仍不敢说。就算是真,我们也仅能知道他有一位姐姐,其余兄弟妻子之有无,一概不知。就作品上看来,最少他放逐到湖南以后过的都是独身生活。

二

我们把屈原的身世大略明白了,第二步要研究那时候为什么会发生这种伟大的文学?为什么不发生于别国而独发生于楚国?何以屈原能占这首创的地位?第一个问题,可以比较的简单解答。因为当时文化正涨到最高潮,哲学勃兴,文学也该为平行线的发展。内中如《庄子》《孟子》及《战国策》中所载各人言论,都很含着文学趣味。所以优美的文学出现,在时势为可能的。第二、第三两个问题,关系较为复杂。依我的观察,我们这华夏民族,每经一次同化作用之后,文学界必放异彩。楚国当春秋初年，纯是一种蛮夷。春秋中叶以后，才渐渐的同化为"诸夏"。屈原生在同化完成后约二百五十年。那时候的楚国人，可以说是中华民族里头刚刚长成的新分子，好像社会中才成年的新青年。从前楚国人，本来是最信巫鬼的民族，很含些神秘意识和虚无理想，像小孩子喜欢幻构的童话。到了与中原旧民族之现实的伦理的文化相接触，自然会发生出新东西来。这种新东西之体现者，便是文学。楚国在当时文化史上之地位既已如此。至于屈原呢，他是一位贵族，对于当时新输入之中原文化，自然是充分领会。他又曾经出使齐国，那时正当"稷下先生"数万人日日高谈宇宙原理的时候，他受的影响，当然不少。他又是有怪脾气的人，常常和社会反抗。后来放逐到南荒，在那种变化诡异的山水里头，过他的幽独生活。特别的自然界和特别的精神作用相激发，自然会产生特别的文学了。

屈原有多少作品呢？《汉书·艺文志·诗赋略》云："屈原赋二十五篇。"据王逸《楚辞章句》所列，则《离骚》一篇，《九歌》十一篇，《天问》一篇，《九章》九篇，《远游》一篇，《卜居》一篇，《渔父》一篇。尚有《大招》一篇。注云："屈原，或言景差。"然细读《大招》，明是模仿《招魂》之作，其非出屈原手，像不必多辩。但别有一问题颇费研究者。《史记·屈原列传》赞云："余读《离骚》《天问》《招魂》《哀郢》，悲其志。"是太史公明明认《招魂》为屈原作，然而王逸说是宋玉作。逸，后汉人，有何凭据，竟敢改易前说？大概他以为添上这一篇，便成二十六篇，与《艺文志》数目不符。他又想这一篇标题，像是屈原死后别人招他的魂，所以硬把他送给宋玉。依我看，《招魂》的理想及文体，和宋玉其他作品很有不同处，应该从太史公之说，归还屈原。然则《艺文志》数目不对吗？又不然。《九歌》末一篇《礼魂》，只有五句，实不成篇。《九歌》本侑神之曲，十篇各侑一神。《礼魂》五句，当是每篇末后所公用，后人传抄贪省，便不逐篇写录，总摆在后头作结。王逸闹不清楚，把他也算成一篇，便不得不把《招魂》挤出了。我所想象若不错，则屈原赋之篇目应如下：

《离骚》一篇

《天问》一篇

《九歌》十篇 《东皇太一》《云中君》《湘君》《湘夫人》《大司命》《少司命》《东君》《河伯》《山鬼》《国殇》

《九章》九篇《惜诵》《涉江》《哀郢》《抽思》《思美人》《惜往日》《橘颂》《悲回风》《怀沙》

《远游》一篇

《招魂》一篇

《卜居》一篇

《渔父》一篇

今将这二十五篇的性质,大略说明。

(一)《离骚》

据本传,这篇为屈原见疏以后使齐以前所作,当是他最初的作品。起首从家世叙起,好像一篇自传。篇中把他的思想和品格,大概都传出,可算得全部作品的缩影。

(二)《天问》

王逸说:"屈原……见楚先王之庙及公卿祠堂图画天地山川神灵琦玮谲佹,及古贤圣怪物行事,……因书其壁,呵而问之。"我想这篇或是未放逐以前所作,因为"先王庙"不应在偏远之地。这篇体裁,纯是对于相传的神话发种种疑问。前半篇关于宇宙开辟的神话所起疑问,后半篇关于历史神话所起疑问。对于万有的现象和理法怀疑烦闷,是屈原文学思想出发点。

(三)《九歌》

王逸说:"沅湘之间,其俗信鬼而好祀,其祠必作乐鼓舞以乐诸神。屈原放逐,窜伏其域。……见其词鄙陋,因为作《九歌》之曲,上陈事神之敬,下以见己之冤。"这话大概不错。"九歌"是乐章旧名,不是九篇歌,所以屈原所作有十篇。这十篇含有多方面的趣味,是集中最"浪漫式"的作品。

(四)《九章》

这九篇并非一时所作,大约《惜诵》《思美人》两篇,似

◎《九歌图卷》(局部) 元 张渥

是放逐以前作。《哀郢》是初放逐时作。《涉江》是南迁极远时作。《怀沙》是临终作。其余各篇，不可深考。这九篇把作者思想的内容分别表现，是《离骚》的放大。

(五)《远游》

王逸说："屈原履方直之行，不容于世。……章皇山泽，无所告诉。乃深惟元一，修执恬漠。思欲济世，则意中愤然。文采秀发，遂叙妙思。托配仙人，与俱游戏。周历天地，无所不到。然犹怀念楚国，思慕旧故。"我说，《远游》一篇，是屈原宇宙观人生观的全部表现，是当时南方哲学思想之现于文学者。

(六)《招魂》

这篇的考证，前文已经说过。这篇和《远游》的思想，表面上像恰恰相反,其实仍是一贯。这篇讲上下四方,没有一处是安乐土,那么,回头还求现世物质的快乐怎么样呢?好吗?他的思想,正和葛得(Goethe)的《浮士特》(Faust)剧上本一样,《远游》便是那剧的下本。总之这篇是写怀疑的思想历程最恼闷最苦痛处。

(七)《卜居》及《渔父》

《卜居》是说两种矛盾的人生观,《渔父》是表自己意志的抉择,意味甚为明显。

三

研究屈原,应该拿他的自杀作出发点。屈原为什么自杀呢?我说,他是一位有洁癖的人为情而死。他是极诚专虑的爱恋一个人,定要和他结婚。但他却悬着一种理想的条件,必要在这条件之下,才肯委身相事。然而他的恋人老不理会他!不理会他,他便放手,不完结吗?不不!他决然不肯!他对于他的恋人,又爱又憎,越憎越爱。两种矛盾性日日交战,结果拿自己生命去殉那"单相思"的爱情!他的恋人是谁?是那时候的社会。

屈原脑中,含有两种矛盾元素。一种是极高寒的理想,一种是极热烈的感情。《九歌》中《山鬼》一篇,是他用象征笔法描写自己人格。其文如下:

若有人兮山之阿,被薜荔兮带女萝。

既含睇兮又宜笑,子慕予兮善窈窕。

乘赤豹兮从文狸,辛夷车兮结桂旗。被石兰兮带杜蘅,折芳馨兮遗所思。

余处幽篁兮终不见天,路险艰兮独后来。

表独立兮山之上,云容容兮而在下。杳冥冥兮羌昼晦,东风飘兮神灵雨。

留灵修兮憺忘归,岁既晏兮孰华予。

采三秀兮于山间,石磊磊兮葛蔓蔓。怨公子兮怅忘归,君思我兮不得闲。

山中人兮芳杜若,饮石泉兮荫松柏。君思我兮然疑作。

雷填填兮雨冥冥,猿啾啾兮狖夜鸣。风飒飒兮木萧萧,思公子兮徒离忧。

我常说,若有美术家要画屈原,把这篇所写那山鬼的精神抽显出来,便成绝作。他独立山上,云雾在脚底下,用石兰、杜若种种芳草庄严自己,真所谓"一生儿爱好是天然",一点尘都染污他不得。然而他的"心中风雨",没有一时停息,常常向下界"所思"的人寄他万斛情爱。那人爱他与否,他都不管。他总说"君是思我",不过"不得闲"罢了,不过"然疑作"罢了。所以他十二时中的意绪,完全在"雷填填雨冥冥,风飒飒木萧萧"里头过去。

他在哲学上有很高超的见解；但他决不肯耽乐幻想，把现实的人生丢弃。他说：

惟天地之无穷兮，哀人生之长勤。往者余弗及兮，来者吾不闻。(《远游》)

他一面很达观天地的无穷，一面很悲悯人生的长勤，这两种念头，常常在脑里轮转。他自己理想的境界，尽够受用。他说：

道可受兮不可传，其小无内兮其大无垠。无滑而魂兮，彼将自然。壹气孔神兮，于中夜存。虚以待之兮，无为之先。庶类以成兮，此德之门。(《远游》)

这种见解，是道家很精微的所在。他所领略的，不让前辈的老聃和并时的庄周。他曾写那境界道：

经营四荒兮，周流六漠。上至列缺兮，降望大壑。下峥嵘而无地兮，上寥廓而无天。视儵忽而无见兮，听惝恍而无闻。超无为以至清兮，与泰初而为邻。(《远游》)

然则他常住这境界翛然自得，岂不好吗？然而不能。

他说：

> 余固知謇謇之为患兮，忍而不能舍也。(《离骚》)

他对于现实社会，不是看不开，但是舍不得。他的感情极锐敏，别人感不着的苦痛，到他脑筋里，便同电击一般。他说：

> 微霜降而下沦兮，悼芳草之先零。……谁可与玩斯遗芳兮，晨向风而舒情。……(《远游》)

又说：

> 惜吾不及见古人兮，吾谁与玩此芳草。(《思美人》)

一朵好花落去，"干卿甚事"？但在那多情多血的人，心里便不知几多难受。屈原看不过人类社会的痛苦，所以他：

> 长太息以掩涕兮，哀民生之多艰。(《离骚》)

社会为什么如此痛苦呢？他以为由于人类道德堕落。所以说：

时缤纷其变易兮，又何可以淹留。兰芷变而不芳兮，荃蕙化而为茅。何昔日之芳草兮，今直为此萧艾也！岂其有他故兮，莫好修之害也。……固时俗之从流兮，又孰能无变化？览椒兰其若此兮，又况揭车与江蓠？(《离骚》)

所以他在青年时代便下决心和恶社会奋斗，常怕悠悠忽忽把时光耽误了。他说：

汩余若将不及兮，恐年岁之不吾与。朝搴阰之木兰兮，夕揽洲之宿莽。日月忽其不淹兮，春与秋其代序。惟草木之零落兮，恐美人之迟暮。不抚壮而弃秽兮，何不改乎此度也。(《离骚》)

要和恶社会奋斗，头一件是要自拔于恶社会之外。屈原从小便矫然自异，就从他外面服饰上也可以见出。他说：

余幼好此奇服兮，年既老而不衰。带长铗之陆离兮，冠切云之崔巍。被明月兮珮宝璐。世溷浊而莫余知兮，吾方高驰而不顾。(《涉江》)

又说：

◎《九歌图书画卷·山鬼》 宋 张敦礼

高余冠之岌岌兮,长余佩之陆离。芳与泽其杂糅兮,惟昭质其犹未亏。(《离骚》)

《庄子》说:"尹文作为华山之冠以自表。"当时思想家做些奇异的服饰以表异于流俗,想是常有的。屈原从小便是这种气概。他既决心反抗社会,便拿性命和他相搏。他说:

民生各有所乐兮,余独好修以为常。虽体解吾犹未变兮,岂余心之可惩。(《离骚》)

又说:

既替余以蕙纕兮,又申之以揽茝。亦余心之所善兮,虽九

死其犹未悔。(《离骚》)

又说：

与前世而皆然兮，吾又何怨乎今之人。吾将董道而不豫兮，固将重昏而终身。(《涉江》)

他从发心之日起，便有绝大觉悟，知道这件事不是容易。他赌咒和恶社会奋斗到底，他果然能实践其言，始终未尝丝毫让步。但恶社会势力太大，他到了"最后一粒子弹"的时候，只好洁身自杀。我记得在罗马美术馆中曾看见一尊额尔达治武士石雕遗像，据说这人是额尔达治国几百万人中最后死的一个人，眼眶承泪，颊唇微笑，右手一剑自刺左肋。屈原沉汨罗，就是这种心事了。

四

余既滋兰之九畹兮，又树蕙之百亩。畦留夷以揭车兮，杂杜衡与芳芷。冀枝叶之峻茂兮，愿俟时乎吾将刈。虽萎绝其亦何伤兮，哀众芳之芜秽。(《离骚》)

这是屈原追叙少年怀抱。他原定计划，是要多培植些同志出来，协力改革社会。到后来失败了。一个人失败有什么要紧，最可哀的是从前满心希望的人，看着堕落下去。所谓"众芳芜秽"，就是"昔日芳草今为萧艾"，这是屈原最痛心的事。

他想改革社会，最初从政治入手。因为他本是贵族，与国家同休戚，又曾得怀王的信任，自然是可以有为。他所以"奔走先后"与闻国事，无非欲他的君王能够"及前王之踵武"（《离骚》），无奈怀王太不是材料。

初既与余成言兮，后悔遁而有他。余既不难夫离别兮，伤灵修之数化。（《离骚》）

昔君与我诚言兮，曰黄昏以为期。羌中道而回畔兮，反既有此他志。（《抽思》）

他和怀王的关系，就像相爱的人已经定了婚约，忽然变卦。所以他说：

心不同兮媒劳，恩不甚兮轻绝。……交不忠兮怨长，期不信兮告余以不闲。（《湘君》）

他对于这一番经历，很是痛心，作品中常常感慨。内中最缠绵沉痛的一段是：

吾谊先君而后身兮，羌众人之所仇。专惟君而无他兮，又众兆之所雠。壹心而不豫兮，羌不可保也。疾亲君而无他兮，有招祸之道也。思君其莫我忠兮，忽忘身之贱贫。事君而不贰兮，迷不知宠之门。忠何罪以遇罚兮，亦非余心之所志。行不群以颠越兮，又众兆之所咍……（《惜诵》）

他年少时志盛气锐，以为天下事可以凭我的心力立刻做成，不料才出头便遭大打击。他曾写自己心理的经过，说道：

昔余梦登天兮，魂中道而无杭。吾使厉神占之兮，曰有志极而无旁。……吾闻作忠以造怨兮，忽谓之过言。九折臂而成医兮，吾至今而知其信然。（《惜诵》）

他受了这一回教训，烦闷之极。但他的热血，常常保持沸度，再不肯冷下去。于是他发出极沉挚的悲音。说道：

闺中既已邃远兮，哲王又不寤。怀朕情而不发兮，余焉能忍与此终古。（《离骚》）

似屈原的才气，倘肯稍为迁就社会一下，发展的余地正多。他未尝不盘算及此，他托为他姐姐劝他的话，说道：

女嬃之婵媛兮,申申其詈余。曰:"鲧婞直以亡身兮,终然夭乎羽之野。汝何博謇而好修兮,纷独有此姱节。薋菉葹以盈室兮,判独离而不服。众不可户说兮,孰云察余之中情。世并举而好朋兮,夫何茕独而不余听?"……(《离骚》)

又托为渔父劝他的话,说道:

夫圣人者,不凝滞于物,而能与世推移。举世皆浊,何不淈其泥而扬其波?众人皆醉,何不餔其糟而歠其醨?"(《渔父》)

他自己亦曾屡屡反劝自己,说道:

惩于羹者而吹齑兮,何不变此志也?欲释阶而登天兮,犹有曩之态也。(《惜诵》)

说是如此,他肯吗?不不!他断然排斥"迁就主义"。他说:

刓方以为圜兮,常度未替。易初本迪兮,君子所鄙。……玄文处幽兮,矇瞍谓之不章。离娄微睇兮,瞽以为无明。……邑犬群吠兮,吠所怪也。非俊疑杰兮,固常态也。(《怀沙》)

◎《松湖钓隐图》 宋 李唐

他认定真理正义，和流俗人不相容，受他们压迫，乃是当然的。自己最要紧是立定脚跟，寸步不移。他说：

嗟尔幼志，有以异兮。独立不迁，岂不可喜兮。深固难徙，廓其无求兮。苏世独立，横而不流兮。(《橘颂》)

他根据这"独立不迁"主义，来定自己的立场，所以说：

固时俗之工巧兮，偭规矩而改错。背绳墨以追曲兮，竞周容以为度。忳郁邑余侘傺兮，吾独穷困乎此时也。宁溘死以流亡兮，余不忍为此态也。鸷鸟之不群兮，自前世而固然。何方圆之能周兮，夫孰异道而相安。屈心而抑志兮，忍尤而攘诟。伏清白以死直兮，固前圣之所厚。（《离骚》）

易卜生最喜欢讲的一句话：All or nothing（要整个不然宁可什么也没有）。屈原正是这种见解。"异道相安"，他认为和方圆相周一样，是绝对不可能的事。中国人爱讲调和，屈原不然，他只有极端。"我决定要打胜他们，打不胜我就死"，这是屈原人格的立脚点。他说也是如此说，做也是如此做。

五

不肯迁就，那么，丢开吧，怎么样呢？这一点，正是屈原心中常常交战的题目。丢开有两种：一是丢开楚国，二是丢开现社会。丢开楚国的商榷，所谓：

思九州之博大兮，岂惟是其有女。……
何所独无芳草兮，尔何怀乎故宇。（《离骚》）

这种话就是后来贾谊吊屈原说的"历九州而相君兮，何必怀此都也"。屈原对这种商榷怎么呢？他以为举世浑浊，到处都是一样。他说：

溘吾游此春宫兮,折琼枝以继佩。及荣华之未落兮,相下女之可诒。

吾令丰隆乘云兮,求宓妃之所在。解佩纕以结言兮,吾令蹇修以为理。纷总总其离合兮,忽纬繣其难迁。……望瑶台之偃蹇兮,见有娀之佚女。吾令鸩为媒兮,鸩告余以不好。雄鸠之鸣逝兮,余犹恶其佻巧。……

及少康之未家兮,留有虞之二姚。理弱而媒拙兮,恐导言之固。时浑浊而嫉贤兮,好蔽美而称恶。……(《离骚》)

这些话怎么解呢?对于这一位意中人,已经演了失恋的痛史了,再换别人,只怕也是一样。宓妃吗?纬繣难迁;有娀吗?不好,佻巧。二姚吗?导言不固。总结一句,就是旧戏本说的笑话:"我想平儿,平儿老不想我。"怎么样他才会想我呢?除非我变个样子。然而我到底不肯。所以任凭你走遍天涯地角,终究找不着一个可意的人来结婚。于是他发出绝望的悲调,说:

忽反顾以流涕兮,哀高丘之无女。(《离骚》)

他理想的女人,简直没有。那么,他非在独身生活里头甘心终老不可了。

举世浑浊的感想,《招魂》上半篇表示得最明白。所谓:

魂兮归来，东方不可以托些。……魂兮归来，南方不可以止些。……魂兮归来，西方之害流沙千里些。……魂兮归来，北方不可以止些。……魂兮归来，君无上天些。……魂兮归来，君无下此幽都些。……

似此"上下四方多贼奸"，有哪一处可以说是比"故宇"强些呢？所以丢开楚国，全是不彻底的理论，不能成立。

丢开现社会，确是彻底的办法。屈原同时的庄周，就是这样。屈原也常常打这个主意。他说：

悲时俗之迫阨兮，愿轻举以远游。（《远游》）

他被现社会迫阨不过，常常要和他脱离关系宣告独立。而且实际上他的神识，亦往往靠这一条路得些安慰。他作品中表现这种理想者最多。如：

驾青虬兮骖白螭，吾与重华游兮瑶之圃。登昆仑兮食玉英。与天地兮同寿，与日月兮同光。（《涉江》）

与女游兮九河，冲风起兮水扬波。乘水车兮荷盖，驾两龙兮骖螭。登昆仑兮四望，心飞扬兮浩荡。（《河伯》）

春秋忽其不淹兮，奚久留此故居。轩辕不可攀援兮，吾

> 将从王乔而游戏。餐六气而饮沆瀣兮,漱正阳而含朝霞。保神明之清澄兮,精气入而粗秽除。顺凯风以从游兮,至南巢而一息。见王子而宿之兮,审壹气之和德。(《远游》)
>
> 穆眇眇之无垠兮,莽芒芒之无仪。声有隐而相感兮,物有纯而不可为。藐蔓蔓之不可量兮,缥绵绵之不可纡。……上高岩之峭岸兮,处雌蜺之标颠。据青冥而攄虹兮,遂倏忽而扪天。……(《悲回风》)
>
> 邅吾道夫昆仑兮,路修远以周流。扬云霓之晻蔼兮,鸣玉鸾之啾啾。朝发轫于天津兮,夕余至乎西极。凤皇翼其承旂兮,高翱翔之翼翼。忽吾行此流沙兮,遵赤水而容与。麾蛟龙使梁津兮,诏西皇使涉余。……屯余车其千乘兮,齐玉轪而并驰。驾八龙之婉婉兮,载云旗之委蛇。抑志而弭节兮,神高驰之邈邈。奏九歌而舞韶兮,聊假日以媮乐。(《离骚》)

诸如此类,所写都是超现实的境界,都是从宗教的或哲学的想象力构造出来。倘使屈原肯往这方面专做他的精神生活,他的日子原可以过得很舒服。然而不能。他在《远游》篇,正在说"绝氛埃而淑尤兮,终不反其故都",底下忽然接着道:

> 恐天时之代序兮,耀灵晔而西征。微霜降而下沦兮,悼芳草之先零。

◎《九歌图书画卷·东皇太一》 宋 张敦礼

他在《离骚》篇,正在说"假日媮乐",底下忽然接着道:

陟升皇之赫戏兮,忽临睨夫旧乡。仆夫悲余马怀兮,蜷局顾而不行。

乃至如《招魂》篇把物质上娱乐敷陈了一大堆,煞尾却说道:

皋兰被径兮斯路渐,湛湛江水兮上有枫。目极千里兮伤春心,魂兮归来哀江南。

屈原是情感的化身,他对于社会的同情心,常常到沸度。看见众生苦痛,便和身受一般。这种感觉,任凭用多大力量的麻药也麻他不下。正所谓"此情无计可消除,才下眉头,却上心头"。说丢开吗？如何能够呢？他自己说：

登高吾不说兮，入下吾不能。(《思美人》)

这两句真是把自己心的状态，全盘揭出。超现实的生活不愿做，一般人的凡下现实生活又做不来，他的路于是乎穷了。

六

对于社会的同情心既如此其富，同情心刺激最烈者，当然是祖国，所以放逐不归，是他最难过的一件事。他写初去国时的情绪道：

发郢都而去闾兮，怊荒忽之焉极。楫齐扬以容与兮，哀见君而不再得。望长楸而太息兮，涕淫淫其若霰。过夏首而西浮兮，顾龙门而不见。……将运舟而下浮兮，上洞庭而下江。去终古之所居兮，今逍遥而来东。羌灵魂之欲归兮，何须臾而忘返。背夏浦而西思兮，哀故都之日远。(《哀郢》)

望孟夏之短夜兮，何晦明之若岁。惟郢路之辽远兮，魂一夕而九逝。曾不知路之曲直兮，南指月与列星。愿径逝而不得兮，魂识路之营营。(《抽思》)

内中最沉痛的是：

曼余目以流观兮，冀一反之何时。鸟飞返故居兮，狐死必首丘。信非余罪而放逐兮，何日夜而忘之。(《哀郢》)

这等作品，真所谓"一声何满子，双泪落君前"。任凭是铁石人，读了怕都不能不感动哩！

他在湖南过的生活，《涉江》篇中描写一部分如下：

乘舲船余上沅兮，齐吴榜以击汰。船容与而不进兮，淹回水而凝滞。朝发枉渚兮，夕宿辰阳。苟余心其端直兮，虽僻远之何伤。入溆浦余儃佪兮，迷不知吾所如。深林杳以冥冥兮，乃猿狖之所居。山峻高以蔽日兮，下幽晦以多雨。霰雪纷其无垠兮，云霏霏而承宇。哀吾生之无乐兮，幽独处乎山中。吾不能变心而从俗兮，固将愁苦而终穷。

大概他在这种阴惨岑寂的自然界中过那非社会的生活，经了许多年。像他这富于社会性的人，如何能受？他在那里：

退静默而莫余知兮，进号呼又莫吾闻。(《惜诵》)

他和恶社会这场血战，真已到矢尽援绝的地步。肯降服吗？到底不肯。他把他的洁癖坚持到底，说道：

妄能以身之察察，受物之汶汶者乎？宁赴湘流，葬于江鱼腹中。又安能以皓皓之白，而蒙世俗之尘埃乎？（《渔父》）

他是有精神生活的人，看着这臭皮囊，原不算什么一回事。他最后觉悟到他可以死而且不能不死，他便从容死去。临死时的绝作说道：

人生有命兮，各有所错兮。定心广志，余何畏惧兮。曾伤爱哀，永叹喟兮。世溷不吾知，人心不可谓兮。知死不可让兮，愿勿爱兮，明告君子，吾将以为类兮。（《怀沙》）

西方的道德论，说凡自杀皆怯懦。依我们看，犯罪的自杀是怯懦，义务的自杀是光荣。匹夫匹妇自经沟渎的行为，我们诚然不必推奖他。至于"志士不忘在沟壑，勇士不忘丧其元"，这有什么见不得人之处？屈原说的"定心广志何畏惧""知死不可让愿勿爱"，这是怯懦的人所能做到吗？

《九歌》中有赞美战死的武士一篇，说道：

……出不入兮往不反，平原忽兮路迢远。带长剑兮挟秦弓，首虽离兮心不惩。诚既勇兮又以武，终刚强兮不可陵。身

既死兮神以灵，子魂魄兮为鬼雄。（《国殇》）

这虽属侑神之词，实亦写他自己的魄力和身份。我们这位文学老祖宗留下二十多篇名著，给我们民族偌大一份遗产，他的责任算完全尽了。末后加上这汨罗一跳，把他的作品添出几倍权威，成就万劫不磨的生命，永远和我们相摩相荡。呵呵！"诚既勇兮又以武，终刚强兮不可陵。"呵呵！屈原不死！屈原惟自杀故，越发不死！

七

以上所讲，专从屈原作品里头体现出他的人格，我对于屈原的主要研究，算是结束了。最后对于他的文学技术，应该附论几句。

屈原以前的文学，我们看得着的只有《诗经》三百篇。三百篇好的作品，都是写实感。实感自然是文学主要的生命，但文学还有第二个生命，曰想象力。从想象力中活跳出实感来，才算极文学之能事。就这一点论，屈原在文学史上的地位，不特前无古人，截到今日止，仍是后无来者。因为屈原以后的作品，在散文或小说里头，想象力比屈原优胜的或者还有，在韵文里头，我敢说还没有人比得上他。

他作品中最表现想象力者，莫如《天问》《招魂》《远游》

三篇。《远游》的文句，前头多已征引，今不再说。《天问》纯是神话文学，把宇宙万有，都赋予他一种神秘性，活像希腊人思想。《招魂》前半篇，说了无数半神半人的奇情异俗，令人目摇魄荡；后半篇说人世间的快乐，也是一件一件从他脑子里幻构出来。至如《离骚》，什么灵氛，什么巫咸，什么丰隆、望舒、蹇修、飞廉、雷师，这些鬼神，都拉来对面谈话，或指派差事。什么宓妃，什么有娀佚女，什么有虞二姚，都和他商量爱情。凤皇、鸩、鸠、鹥鸠，都听他使唤，或者和他答话。虬、龙、虹霓、鸾，或是替他拉车，或是替他打伞，或是替他搭桥。兰、茝、桂、椒、芰荷、芙蓉……无数芳草，都做了他的服饰。昆仑、县圃、咸池、扶桑、苍梧、崦嵫、阊阖、阆风、穷石、洧盘、天津、赤水、不周……种种地名或建筑物，

◎《渔父图》 傅抱石

都是他脑海里头的国土。又如《九歌》十篇，每篇写一神，便把这神的身份和意识都写出来。想象力丰富瑰伟到这样，何止中国，在世界文学作品中，除了但丁《神曲》外，恐怕还没有几家够得上比较哩！

班固说："不歌而诵谓之赋。"从前的诗，谅来都是可以歌的，不歌的诗，自"屈原赋"始。几千字一篇的韵文，在体格上已经是空前创作。那波澜壮阔，层叠排奡，完全表出他气魄之伟大。有许多话讲了又讲，正见得缠绵悱恻，一往情深。有这种技术，才配说"感情的权化"。

写客观的意境，便活给他一个生命，这是屈原绝大本领。这类作品，《九歌》中最多。如：

君不行兮夷犹，蹇谁留兮中洲。美要眇兮宜修，沛吾乘兮桂舟。令沅湘兮无波，使江水兮安流。(《湘君》)

帝子降兮北渚，目眇眇兮愁予。袅袅兮秋风，洞庭波兮木叶下。……沅有芷兮澧有兰，思公子兮未敢言。……(《湘夫人》)

秋兰兮麋芜，罗生兮堂下。绿叶兮素枝，芳菲菲兮袭予。……秋兰兮青青，绿叶兮紫茎。满堂兮美人，忽独与余兮目成。入不言兮出不辞，乘回风兮载云旗。悲莫悲兮生别离，乐莫乐兮新相知。荷衣兮蕙带，倏而来兮忽而逝。夕宿兮帝郊，君谁须兮云之际。……(《少司命》)

子交手兮东行，送美人兮南浦。波滔滔兮来迎，鱼鳞鳞兮

◎《兰图》 元 普明

媵予。(《河伯》)

这类作品，读起来，能令自然之美，和我们心灵相触逗。如此，才算是有生命的文学。太史公批评屈原道：

其文约，其辞微，其志洁，其行廉。其称文小而其指极大，举类迩而见义远。其志洁，故其称物芳。其行廉，故死而不容自疏。濯淖污泥之中，蝉蜕于浊秽。不获世之滋垢，皭然泥而不滓者也。推此志也，虽与日月争光可也。(《史记》本传)

虽未能尽见屈原，也算略窥一斑了。我就把这段话作为全篇的结束。

情圣杜甫

一

今日承诗学研究会嘱托讲演,可惜我文学素养很浅薄,不能有什么新贡献,只好把咱们家里老古董搬出来和诸君摩拳一番,题目是"情圣杜甫"。在讲演本题以前,有两段话应该简单说明:第一,新事物固然可爱,老古董也不可轻轻抹煞。内中艺术的古董,尤为有特殊价值。因为艺术是情感的表现,情感是不受进化法则支配的;不能说现代人的情感一定比古人优美,所以不能说现代人的艺术一定比古人进步。

第二,用文字表出来的艺术——如诗词歌剧小说等类,多少总含有几分国民的性质。因为现在人类语言未能统一,无论何国的作家,总须用本国语言文字做工具;这副工具操练得不纯熟,纵然有很丰富高妙的思想,也不能成为艺术的表现。

我根据这两种理由,希望现代研究文学的青年,对于本国二千年来的名家作品,着实费一番工夫去赏会他,那么,杜工部自然是首屈一指的人物了。

二

杜工部被后人上他徽号叫作"诗圣"。诗怎么样才算"圣",标准很难确定,我们也不必轻轻附和。我以为工部最少可以当得起情圣的徽号。因为他的情感的内容,是极丰富的,极真实的,极深刻的。他表情的方法又极熟练,能鞭辟到最深处,能将他全部完全反映不走样子,能像电气一般,一振一荡的打到别人的心弦上,中国文学界写情圣手,没有人比得上他,所以我叫他做情圣。

我们研究杜工部,先要把他所生的时代和他一生经历略叙梗概,看出他整个的人格:两晋六朝几百年间,可以说是中国民族混成时代,中原被异族侵入,搀杂许多新民族的血;江南则因中原旧家次第迁渡,把原住民的文化提高了。当时文艺上南北派的痕迹显然,北派真率悲壮,南派整齐柔婉,在古乐府里头,最可以看出这分野。唐朝民族化合作用,经过完成了,政治上统一,影响及于文艺,自然会把两派特性合冶一炉,形成大民族的新美。初唐是黎明时代,盛唐正是成熟时代。内中玄宗开元间四十年太平,正孕育出中国艺术史上黄金时代。到天宝之乱,黄金忽变为黑灰。时事变迁之剧,未有其比。当时蕴蓄深厚的文学界,受了这种激刺,益发波澜壮阔。杜工部正是这个时代的骄儿。他是河南人,生当玄宗开元之初。早年漫游四方,大河以北都有他足迹,同时大文学家李太白、高达夫,都是他的挚友。中年值安禄山之乱,从贼中逃出,跑到甘肃的灵武谒见肃宗,补了个"拾遗"的官,不久告假回家。又碰着饥荒,在陕西的同谷县,几乎饿死。后来流落到四川,依一位故人严武。严武死后,四川又乱,他避难到湖南,在路上死了。他有两位兄弟,一位妹子,都因乱离难得见面。他和他的夫人也常常隔离,他一个小儿子,因饥荒饿死,两个大儿子,晚年跟着他在四川。他一生简单的经历,大略如此。

他是一位极热肠的人,又是一位极有脾气的人。从小便心高气傲,不肯趋承人。他的诗道:

以兹悟生理,独耻事干谒。(《奉先咏怀》)

又说:

白鸥没浩荡,万里谁能驯。(《赠韦左丞》)

可以见他的气概。严武做四川节度,他当无家可归的时候去投奔他,然而一点不肯趋承将就,相传有好几回冲撞严武,几乎严武容他不下哩。

他集中有一首诗,可以当他人格的象征:

绝代有佳人，幽居在空谷。自言良家子，零落依草木。……在山泉水清，出山泉水浊。侍婢卖珠回，牵萝补茅屋。摘花不插鬓，采柏动盈掬。天寒翠袖薄，日暮倚修竹。（《佳人》）

这位佳人，身份是非常名贵的，境遇是非常可怜的，情绪是非常温厚的，性格是非常高抗的，这便是他本人自己的写照。

三

他是个最富于同情心的人。他有两句诗：

穷年忧黎元，叹息肠内热。（《奉先咏怀》）

这不是瞎吹的话，在他的作品中，到处可以证明。这首诗底下便有两段说：

彤庭所分帛，本自寒女出。鞭挞其夫家，聚敛贡城阙。（同上）

又说：

况闻内金盘,尽在卫霍室。中堂舞神仙,烟雾散玉质。暖客貂鼠裘,悲管逐清瑟。劝客驼蹄羹,霜橙压香橘。朱门酒肉臭,路有冻死骨。(同上)

这种诗几乎纯是现代社会党的口吻。

他作这诗的时候,正是唐朝黄金时代,全国人正在被镜里雾里的太平景象醉倒了。

这种景象映到他的眼中,却有无限悲哀。

他的眼光,常常注视到社会最下层,这一层的可怜人那些状况,别人看不出,他都看出;他们的情绪,别人传不出,他都传出。他著名的作品"三吏""三别",便是那时代社会状况最真实的影戏片,《垂老别》的:

老妻卧路啼,岁暮衣裳单。熟知是死别,且复伤其寒。此去必不归,还闻劝加餐。

《新安吏》的:

肥男有母送,瘦男独伶俜。白水暮东流,青山犹哭声。莫自使眼枯,收汝泪纵横。眼枯即见骨,天地终无情。

《石壕吏》的:

三男邺城戍。一男附书至，二男新战死。存者且偷生，死者长已矣。

这些诗是要作者的精神和那所写之人的精神并合为一，才能作出。他所写的是否他亲闻亲见的事实，抑或他脑中创造的影像，且不管他；总之他作这首《垂老别》时，他已经化身作那位六七十岁拖去当兵的老头子，作这首《石壕吏》时，他已经化身作那位儿女死绝衣食不给的老太婆，所以他说的话，完全和他们自己说一样。

他还有《戏呈吴郎》一首七律，那上半首是：

堂前扑枣任西邻，无食无儿一妇人。不为家贫宁有此，只缘恐惧转须亲。……

这首诗，以诗论，并没什么好处，但叙当时一件琐碎实事——一位很可怜

◎《柴门送客图》 明　周臣

的邻舍妇人偷他的枣子吃,因那人的惶恐,把作者的同情心引起了。

这也是他注意下层社会的证据。

有一首《缚鸡行》,表出他对于生物的泛爱,而且很含些哲理:

小奴缚鸡向市卖,鸡被缚急相喧争。家人厌鸡食虫蚁,未知鸡卖还遭烹。虫鸡于人何厚薄,吾叱奴人解其缚。鸡虫得失无时了,注目寒江倚山阁。

有一首《茅屋为秋风所破歌》,结尾几句说道:

……安得广厦千万间,大庇天下寒士俱欢颜。风雨不动安如山。呜呼!何时眼前突兀见此屋,吾庐独破被冻死亦足。

有人批评他是名士说大话,但据我看来,此老确有这种胸襟,因为他对于下层社会的痛苦,看得真切,所以常把他们的痛苦当作自己的痛苦。

四

他对于一般人如此多情,对于自己有关系的人,更不待说了。

我们试看他对朋友：那位因陷贼贬做台州司户的郑虔，他有诗送他道：

……便与先生应永诀，九重泉路尽交期。

又有诗怀他道：

天台隔三江，风浪无晨暮。郑公纵得归，老病不识路。……（《有怀台州郑十八司户》）

那位因附永王璘造反长流夜郎的李白，他有诗梦他道：

死别已吞声，生别常恻恻。江南瘴疠地，逐客无消息。故人入我梦，明我长相忆。恐非平生魂，路远不可测。魂来枫林青，魂返关塞黑。君今在罗网，何以有羽翼。落月满屋梁，犹疑照颜色。水深波浪阔，毋使蛟龙得。（《梦李白》二首之一）

这些诗不是寻常应酬话，他实在拿郑、李等人当一个朋友，对于他们的境遇，所感痛苦，和自己亲受一样，所以作出来的诗，句句都带血带泪。

他集中想念他兄弟和妹子的诗，前后有二十来首，处处至性流露。最沉痛的如《同谷七歌》中：

有弟有弟在远方，三人各瘦何人强。生别展转不相见，胡尘暗天道路长。前飞驾鹅后鹙鸧，安得送我置汝旁。呜呼！三歌兮歌三发，汝归何处收兄骨。

有妹有妹在钟离，良人早没诸孤痴。长淮浪高蛟龙怒，十年不见来何时。扁舟欲往箭满眼，杳杳南国多旌旗。呜呼！四歌兮歌四奏，林猿为我啼清昼。

他自己直系的小家庭，光景是很困苦的，爱情却是很衷挚的。他早年有一首思家诗：

今夜鄜州月，闺中只独看。遥怜小儿女，未解忆长安。香雾云鬟湿，清辉玉臂寒。何时倚虚幌，双照泪痕干。（《月夜》）

这种缘情旖旎之作，在集中很少见。但这一首已可证明工部是一位温柔细腻的人。他到中年以后，遭值多难，家属离合，经过不少的酸苦。乱前他回家一次，小的儿子饿死了。他的诗道：

……老妻寄异县，十口隔风雪。谁能久不顾，庶往共饥

◎《寒江泊舟图》 清 袁江

渴。入门闻号咷，幼子饿已卒。吾宁舍一哀，里巷亦呜咽。所愧为人父，无食致夭折。(《奉先咏怀》)

乱后和家族隔绝，有一首诗：

去年潼关破，妻子隔绝久。……自寄一封书，今已十月后。反畏消息来，寸心亦何有。……(《述怀》)

其后从贼中逃归,得和家族团聚,他有好几首诗写那时候的光景:《羌村》三首中的第一首:

峥嵘赤云西,日脚下平地。柴门鸟雀噪,归客千里至。妻孥怪我在,惊定还拭泪。世乱遭飘荡,生还偶然遂。邻人满墙头,感叹亦歔欷。夜阑更秉烛,相对如梦寐。

《北征》里头的一段:

况我堕胡尘,及归尽华发。经年至茅屋,妻子衣百结。恸哭松声回,悲泉共幽咽。平生所娇儿,颜色白胜雪;见耶背面啼,垢腻脚不袜。床前两小女,补绽才过膝;海图坼波涛,旧绣移曲折;天吴及紫凤,颠倒在裋褐。老夫情怀恶,呕泄卧数日。那无囊中帛,救汝寒凛栗!粉黛亦解苞,衾裯稍罗列。瘦妻面复光,痴女头自栉;学母无不为,晓妆随手抹;移时施朱铅,狼藉画眉阔。生还对童稚,似欲忘饥渴。问事竞挽须,谁能即嗔喝。翻思在贼愁,甘受杂乱聒。

其后挈眷避乱,路上很苦。他有诗追叙那时情况道:

忆昔避贼初,北走经险艰。夜深彭衙道,月照白水山。尽室久徒步,逢人多厚颜。……痴女饥咬我,啼畏虎狼闻。怀中

掩其口，反侧声愈嗔。小儿强解事，故索苦李餐。一旬半雷雨，泥泞相牵攀。……（《彭衙行》）

他合家避乱到同谷县山中，又遇着饥荒，靠草根木皮活命，在他困苦的全生涯中，当以这时候为最甚。他的诗说：

长镵长镵白木柄，我生托子以为命。黄独无苗山雪盛，短衣数挽不掩胫。此时与子空归来，男呻女吟四壁静。……（《同谷七歌》之二）

以上所举各诗写他自己家庭状况，我替他起个名字叫作"半写实派"。他处处把自己主观的情感暴露，原不算写实派的作

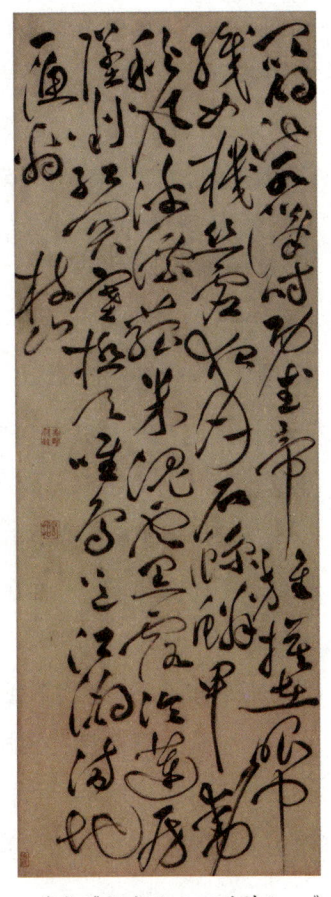

◎ 草书《杜甫秋兴八首诗之一》
明　祝允明

法。但如《羌村》《北征》等篇，多用第三者客观的资格，描写所观察得来的环境和别人情感，从极琐碎的断片详密刻画，确是近世写实派用的方法，所以可叫作半写实。这种作法，在

国学的趣味 ‖ 151

中国文学界上,虽不敢说是杜工部首创,却可以说是杜工部用得最多而最妙。

从前古乐府里头,虽然有些,但不如工部之描写入微。这类诗的好处在真,事愈写得详,真情愈发得透。我们熟读他,可以理会得"真即是美"的道理。

五

杜工部的"忠君爱国",前人恭维他的很多,不用我再添话。

他集中对于时事痛哭流涕的作品,差不多占四分之一,若把他分类研究起来,不惟在文学上有价值,而且在史料上有绝大价值。

为时间所限,恕我不征引了。

内中价值最大者,在能确实描写出社会状况,及能确实讴吟出时代心理。刚才举出半写实派的几首诗,是集中最通用的作法,此外还有许多是纯写实的。试举他几首:

献凯日继踵,两蕃静无虞。渔阳豪侠地,击鼓吹笙竽。云帆转辽海,粳稻来东吴。越罗与楚练,照耀舆台躯。主将位益崇,气骄凌上都。边人不敢议,议者死路衢。(《后出塞》五首之四)

读这些诗，令人立刻联想到现在军阀的豪奢专横——尤其逼肖奉、直战争前张作霖的状况。

最妙处是不着一个字批评，但把客观事实直写，自然会令读者叹气或瞪眼。又如《丽人行》那首七古，全首将近二百字的长篇，完全立在第三者地位观察事实。从"三月三日天气新"，到"青鸟飞去衔红巾"，占全首二十六句中之二十四句，只是极力铺叙那种豪奢热闹情状，不惟字面上没有讥刺痕迹，连骨子里头也没有。直至结尾两句：炙手可热势绝伦，慎莫近前丞相嗔。

算是把主意一逗。但依然不著议论，完全让读者自去批评。

这种可以说讽刺文学中之最高技术。因为人类对于某种社会现象之批评，自有共同心理，作家只要把那现象写得真切，自然会使读者心理起反应，若把读者心中要说的话，作者先替他倾吐无余，那便索然寡味了。杜工部这类诗，比白香山《新乐府》高一筹，所争就在此。

《石壕吏》《垂老别》诸篇，所用技术，都是此类。

工部的写实诗，什有九属于讽刺类。不独工部为然，近代欧洲写实文学，那一家不是专写社会黑暗方面呢？但杜集中用写实法写社会优美方面的亦不是没有。如《遭田父泥饮》那篇：

步墟随春风,村村自花柳。田翁逼社日,邀我尝春酒。酒酣夸新尹,畜眼未见有。回头指大男:"渠是弓弩手。名在飞骑籍,长番岁时久。前日放营农,辛苦救衰朽。差科死则已,誓不举家走。今年大作社,拾遗能住否?"叫妇开大瓶,盆中为吾取。……高声索果栗,欲起时被肘。指挥过无礼,未觉村野丑。月出遮我留,仍嗔问升斗。

这首诗把乡下老百姓极粹美的真性情,一齐活现。你看他父子夫妇间何等亲热;对于国家的义务心何等郑重;对于社交何等爽快,何等恳切。我们若把这首诗当个画题,可以把篇中各人的心理从面孔上传出,便成了一幅绝好的风俗画。

我们须知道:杜集中关于时事的诗,以这类为最上乘。

六

工部写情,能将许多性质不同的情绪,归拢在一篇中,而得调和之美。例如《北征》篇,大体算是忧时之作。然而"青云动高兴,幽事亦可悦"以下一段,纯是玩赏天然之美。

"夜深经战场,寒月照白骨"以下一段,凭吊往事。

"况我堕胡尘"以下一大段,纯写家庭实况,忽然而悲,忽然而喜。

"至尊尚蒙尘"以下一段,正面感慨时事,一面盼望内乱速平，一面又忧虑到凭藉回鹘外力的危险。

"忆昨狼狈初"以下到篇末，把过去的事实，一齐涌到心上。像这许多杂乱情绪进在一篇，调和得恰可，非有绝大力量不能。

工部写情，往往愈拗愈紧，愈转愈深，像《哀王孙》那篇，几乎一句一意，试将现行新符号去点读他，差不多每句都须用"。"符或"；"符。他的情感，像一堆乱石，突兀在胸中，断断续续的吐出，从无条理中见条理，真极文章之能事。

工部写情，有时又淋漓尽致一口气说出，如八股家评语所谓"大开大合"。这种类不以曲折见长，然亦能极其美。集中模范的作品，如《忆昔行》第二首，从"忆昔开元全盛日"起到"叔孙礼乐萧何律"止，极力追述从前太平景象，从社会道德上赞美，令意义格外深厚。

自"岂闻一缣直万钱"到"复恐初从乱离说"，翻过来说现在乱离景象，两两比对，令读者胆战肉跃。

工部还有一种特别技能，几乎可以说别人学不到，他最能用极简的语句，包括无限情绪，写得极深刻。如《喜达行在所》三首中第三首的头两句：

死去凭谁报，归来始自怜。

仅仅十个字，把十个月内虎口余生的甜酸苦辣都写出来，这是何等魄力。又如前文所引《述怀》篇的"反畏消息来"。

五个字，写乱离中担心家中情状，真是惊心动魄。又如《垂老别》里头：

势异邺城下，纵死时犹宽。

死是早已安排定了，只好拿期限长些作安慰，（原文是写老妻送行时语。）这是何等沉痛。又如前文所引的：

郑公纵得归，老病不识路。

明明知道他绝对不得归了，让一步虽得归，已经万事不堪回首。此外如

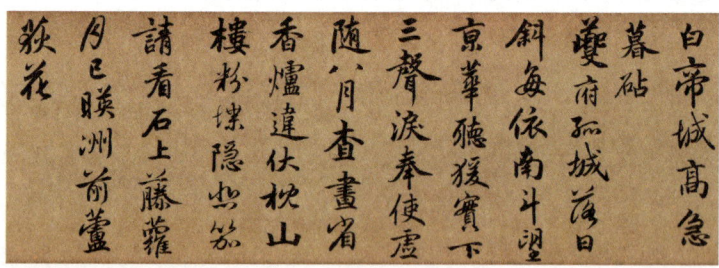
◎《杜甫秋兴八首》（局部） 元 赵孟頫

带甲满天地，胡为君远行。

万方同一概，吾道竟何之。(《秦州杂诗》)

国破山河在，城春草木深。

亲朋无一字，老病有孤舟。(《登岳阳楼》)

古往今来皆涕泪，断肠分手各风烟。(《公安送韦二少府》)

之类，都是用极少的字表极复杂极深刻的情绪，他是用洗练工夫用得极到家，所以说"语不惊人死不休"。此其所以为文学家的文学。

悲哀愁闷的情感易写，欢喜的情感难写。

古今作家中，能将喜情写得逼真的，除却杜集《闻官军收河南河北》外，怕没有第二首。那诗道：

剑外忽闻收蓟北，初闻涕泪满衣裳。却看妻子愁何在，漫卷诗书喜欲狂。白日放歌须纵酒，青春结伴好还乡。即从巴峡穿巫峡，便下襄阳到洛阳。

那种手舞足蹈情形，从心坎上奔迸而出，我说他和古乐府的《公无渡河》是同一样笔法。

彼是写忽然剧变的悲情，此是写忽然剧变的喜情，都是用快光镜照相照得的。

七

工部流连风景的诗比较少，但每有所作，一定于所咏的景物观察入微，便把那景物做象征，从里头印出情绪。如：

竹凉侵卧内，野月满庭隅。重露成涓滴，稀星乍有无。暗飞萤自照，水宿鸟相呼。万事干戈里，空悲清夜徂。（《倦夜》）

题目是"倦夜"，景物从初夜写到中夜后夜，是独自一个人有心事，睡不着，疲倦无聊中所看出的光景，所写环境，句句和心理反应。又如：

风急天高猿啸哀，渚清沙白鸟飞回。无边落木萧萧下，不尽长江滚滚来。（《登高》）

◎《杜甫诗意图册》 清　王时敏

虽然只是写景，却有

一位老病独客秋天登高的人在里头。便不读下文"万里悲秋常作客,百年多病独登台"两句,已经如见其人了。又如:

细草微风岸,危樯独夜舟。星垂平野阔,月涌大江流。(《旅夜书怀》)

从寂寞的环境上领略出很空阔很自由的趣味。
末两句说:"飘飘何所似,天地一沙鸥。"把情绪一点便醒。
所以工部的写景诗,多半是把景做表情的工具。
像王、孟、韦、柳的写景,固然也离不了情,但不如杜之情的分量多。

八

诗是歌的笑的好呀?还是哭的叫的好?换一句话说:诗的任务在赞美自然之美呀?抑在呼诉人生之苦?再换一句话说:我们应该为作诗而作诗呀?抑或应该为人生问题中某项目的而作诗?这两种主张,各有极强的理由;我们不能作极端的左右袒,也不愿作极端的左右袒。依我所见:人生目的不是单调的,美也不是单调的。为爱美而爱美,也可以说为的是人生目的;因为爱美本来是人生目的的一部分。诉人生苦痛,写人生黑暗,也不能不说是美。因为美的作用,不外令自己或别人起快感；痛楚的刺激，也是快感之一；例如肤痒的人，用手抓到出血，越抓越畅快。像情感怎么热烈的杜工部，他的作品，自然是刺激性极强，近于哭叫人生目的那一路；主张人生艺术观的人，固然要读他。但还要知道：他的哭声，是三板一眼的哭出来，节节含着真美；主张唯美艺术观的人，也非读他不可。

我很惭愧：我的艺术素养浅薄，这篇讲演，不能充分发挥"情圣"作品的价值；但我希望这位情圣的精神，和我们的语言文字同其寿命；尤盼望这种精神有一部分注入现代青年文学家的脑里头。

《晚清两大家诗钞》题辞

一

晚清两大家诗是什么？一部是元和金亚匏先生的《秋蟪吟馆诗》，一部是嘉应黄公度先生的《人境庐诗》。我认这两位先生是中国文学革命的先驱，我认这两部诗集是中国有诗以来一种大解放。这诗钞是我拿自己的眼光，将两部集里头最好的诗——最能代表两先生精神，而且可以为解放模范的，钞将下来。所钞约各占原书三分一的光景。

我为什么忽然编起这部书来呢？我想，文学是人生最高尚的嗜好，无论何时，总要积极提倡的。即使没有人提倡他，他也不会灭绝。不惟如此，你就想禁遏他，也禁遏不来。因为稍有点子文化的国民，就有这种嗜好。文化越高，这种嗜好便越重。但是若没有人往高尚的一路提倡，他却会委靡堕落，变成社会上一种毒害。比方男女情爱，禁是禁不来的，本质原来又是极好的，但若不向高尚处提，结果可以流于丑秽。还有一义,文学是要常常变化更新的,因为文学的本质和作用,最主要的就是"趣味"。趣味这件东西,是由内发的情感和外受的环境交媾发生出来。就社会全体论,各个各个时代趣味不同。就一个人而论,趣味亦刻刻变化。任凭怎么好的食品,若是顿顿照样吃,自然讨厌。若是将剩下来的嚼了又嚼,那更一毫滋味都没有了。我因为文学上高尚和更新两种目的,所以要编这部书。

我又想,文学是无国界的。研究文学,自然不当限于本国。何况近代以来,欧洲文化,好像万流齐奔,万花齐苗。我们侥幸生在今日,正应该多预备"敬领谢"的帖子,将世界各派的文学尽量输入。就这点看来,研究外国文学,实在是比研究本国的趣味更大益处更多。但却有一层要计算到,怎么叫作输入外国文学呢?第一件,将人家的好著作,用本国语言文字译写出来。第二件,采了他的精神,来自己著作,造出本国的新文学。要想完成这两种职务,必须在本国文学上有相当的素养。因为文学是一种"技术",语言文字是一种"工具"。要善用这工具,才能有精良的技术;要有精良的技术,才能将高尚的情感和理想传达出来。所以讲别的学问,本国的旧根柢浅薄些,都还可以。讲到文学,却是一点儿偷懒不得。我因为在新旧文学过渡期内,想法教我们把向来公用的工具,操练纯熟,而且得有新式运用的方法,来改良我们的技术,所以要编这部书。

二

我要讲这两部诗的价值,请先将我向来对于诗学的意见,略略说明。

诗,不过文学之一种,然确占极重要之位置,在中国尤甚。欧洲的诗,往往有很长的。一位大诗家,一生只作得十首八首,一首动辄数万言。我们中国却没有。有人说是中国诗家才力薄的证据,其实不然。中国有广义的诗,有狭义的诗。狭义的诗,"三百篇"和后来所谓"古近体"的便是。广义的诗,则凡有韵的皆是,所以赋亦称"古诗之流",词亦称"诗余"。讲到广义的诗,那么从前的"骚"咧,"七"咧,"赋"咧,"谣"咧,"乐府"咧,后来的"词"咧,"曲本"咧,"山歌"咧,"弹词"咧,都应该纳入诗的范围。据此说来,我们古今所有的诗,短的短到十几个字,长的长到十几万字,也和欧人的诗没什么差别。只因分科发达的结果,"诗"字成了个专名,和别的有韵之文相对待,把诗的范围弄窄了。后来作诗的人在这个专名底下,模仿前人,造出一种自己束缚自己的东西,叫作什么"格律",诗却成了苦人之具了。如今我们提倡诗学,第一件是要把"诗"字广义的观念恢复转来,那么自然不受格律的束缚。为什么呢?凡讲格律的,诗有诗的格律,赋有赋的格律,词有词的格律。专就诗论,古体有古体的格律,近体有近体的格律。这都是从后起的专名产生出来。我们既知道赋呀词呀……呀都是诗,要作好诗,须把这些的精神都容纳在里头,这还有什么格律好讲呢!只是独往独来,将自己的性情,和所感触的对象,用极淋漓极微妙的笔力写将出来,这才算是真诗。这是我对于诗的头一种见解。

格律是可以不讲的,修辞和音节却要十分注意。因为诗是一种技术,而且是一种美的技术。若不从这两点着眼,便是把技术的作用,全然抹杀,虽有好意境,也不能发挥出价值来。所谓修辞者,并非堆砌古典僻字,或卖弄浮词艳藻,这等不过不会作诗的人,借来文饰他的浅薄处。试看古人名作,何一不是文从字顺,谢去雕凿?何尝有许多深文谜语来?虽然,选字运句,一巧一拙,而文章价值,相去天渊。白香山诗,不是说"老妪能解"吗?天下古今的老妪,个个能解。天下古今的诗人,却没有几个能作。说是他的理想有特别高超处吗?其实并不见得。只是字句之间,说不出来的精严调协,令人读起来,自然得一种愉快的感受。古来大家名作,无不如是,这就是修辞的作用。所谓音节者,亦并非讲究"声病"。这种浮响,实在无足重轻。但"诗"之为物,本来是与"乐"相为体用。所以《尚书》说:"诗言志,歌永言,声依永,律和声。"古代的好诗,没有一首不能唱的。那"不歌而诵"之赋,所以势力不能和诗争衡,就争这一点。后来乐有乐的发达,诗有诗的发达,诗乐不能合一。所以乐府咧,词咧,曲咧,层层继起,无非顺应人类好乐的天性。今日我们作诗,虽不必说一定要能够入乐,但最少也要抑扬抗坠,上口琅然。近来欧人，倡一种"无韵诗"，中国人也有学他的。旧诗里头，我只在刘继庄的《广阳杂记》，见过一首，系一位和尚作的，很长，半有韵，半无韵。继庄说他是天地间奇文，我笨得很，却始终不能领会出他的好处。但我总以为音节是诗的第一要素，诗之所以能增人美感，全赖乎此。修辞和音节，就是技术方面两根大柱。想作名诗，是要实质方面和技术方面都下工夫。实质方面是什么？自然是意境和资料。若没有好意境好资料，算是实质亏空，任凭怎样好的技术，也是白用。若仅有好意境好资料，而词句冗拙，音节殁钉，自己意思，达得不如法，别人读了，不能感动，岂不是因为技术不够，连实质也糟蹋了吗？这是我对于诗的第二种见解。

因这种见解，我要顺带着评一评白话诗问题。我并不反对白话诗，我当十七年前，在《新民丛报》上作的诗话，因为批评招子庸粤讴，也曾很说白话诗应该提倡。其实白话诗在中国并不算什么稀奇，自寒山拾得以后，邵尧夫《击壤集》全部皆是，《王荆公集》中也不少，这还是狭义的诗。若连广义的诗算起来，那么周清真柳屯田的词，十有九是全首白话。元明人曲本，虽然文白参半，还是白多。最有名的《琵琶记》，佳处都是白话。在我们文学史上，白话诗的成绩，不是已经粲然可观吗？那些老先生忽然把他当洪水猛兽看待起来，只好算少见多怪。至于有一派新进青年，主张白话为唯一的新文学，极端排斥文言，这种偏激之论，也和那些老先生不相上下。就实质方面论，若真有好意境好

◎《寒山拾得图》 清 丁云鹏

资料，用白话也作得出好诗，用文言也作得出好诗。如其不然，文言诚属可厌，白话还加倍可厌。这是大众承认，不必申说了。就技术方面论，却很要费一番比较研究。我不敢说白话诗永远不能应用最精良的技术，但恐怕要等到国语经几番改良蜕变以后。若专从现行通俗语底下讨生活，其实有点不够。

第一，凡文以词约义丰为美妙，总算得一个原则。拿白话和文言比较，无论在文在诗，白话总比文言冗长三分之一。因为名词动词，文言只用一个字的，白话非用两个字不能成话。其他转词助词等，白话也格外用得多。试举一个例：杜工部《石壕吏》的"存者且偷生,死者长已矣",译出白话来是:"活着的挨一天是一天,死过的算永远完了。"我这两句还算译得对吗,不过原文十字变成十七字了。所以讲到修洁两个字,白话实在比文言加倍困难。第二,美文贵含蓄,这原则也该大家公认。所谓含蓄者,自然非廋辞谜语之谓,乃是言中有意,一种匣剑帷灯之妙,耐人寻味。这种技术,精于白话的人,固然也会用,但比文言总较困难。试拿宋代几位大家的词一看,同是一人,同写一样情节,白话的总比文言的浅露寡味。可见白话本身,实容易陷入一览无余的毛病。(容易二字注意,并不是说一定。)更举一个切例:本书中黄公度的《今别离》四首,大众都认他是很有价值的创作。试把他翻成白话,或取他的意境自作四首白话,不惟冗长了许多,而且一定索然无味。白话诗含蓄之难,可以类推。第三,字不够用,这是作"纯白话体"的人最感苦痛的一桩事。因为我们向来语文分离,士大夫不注意到说话的进化。"话"的方面,却是绝无学问的多数人,占了势力。凡传达稍高深思想的字,多半用不着。所以有许多字,文言里虽甚通行,白话里却成僵弃。我们若用纯白话体作说理之文,最苦的是名词不够。若一一求其通俗,一定弄得意义浅薄,而且不正确。若作英文,更添上形容词动词不够的苦痛。陶渊明的"暧暧远人村,依依墟里烟",李太白的"黄河从西来,窈窕入远山",这种绝妙的形容词,我们话里头就没有方法找得出来。杜工部的"欲觉闻晨钟,令人发深省"。"深省"两个字,白话要用几个字呢?字多也罢了,意味却还是不对。这不过随手举一两个例,若细按下去,其实触目皆是。所以我觉得极端的"纯白话诗",事实上算是不可能。若必勉强提倡,恐怕把将来的文学,反趋到笼统浅薄的方向,殊非佳兆。以上三段,都是从修辞的技术上比较研究。第四,还有音节上的技术。我不敢说白话诗不能有好音节,因为音乐节奏,本发于人性之自然,所以山歌童谣,亦往往琅琅可听,何况文学家刻意去做,哪里有做不到的事!现在要研究的,还是难易问题。我也曾读过胡适之的《尝试集》,大端很是不错,但我觉得他依着词家旧调谱下来的小令,格外好些。为什么呢?因为五代两宋的大词家,大半都懂音乐,他们所创的调,都是拿乐器按拍出来。我们依着他填,只要意境字句都新,自然韵味双美。我们自创新音,何尝不能?可惜我们不懂音乐,只成个"有志未逮"。而纯白话体有最容易犯的一件毛病,就是枝词太多,动辄伤气。试看文言的诗词,"之乎者也",几乎绝对的不用。为什么呢?就因为他伤气,有妨音节。如今作白话诗的人,满纸"的么了哩",试问从哪里得好音节来?我常说"作白话文有个秘诀",是"的么了哩"越少用越好,就和文言的"之乎者也",可省则省,同一个原理。现在报章上一般的白话文,

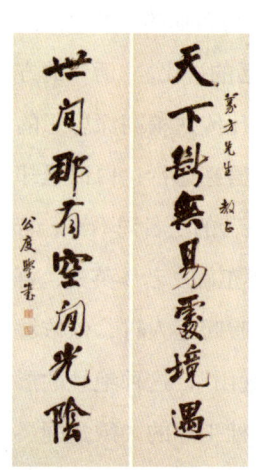

◎《行书联》 清 黄遵宪

若叫我点窜,最少也把他的"的么了哩"删去一半。我们看《镜花缘》上君子国的人掉书包,满嘴"之乎者也",谁不觉得头巾俗气,可厌可笑。如今作白话文的人,却是"新之乎者也"不离口,还不是一种变相的头巾气。作文尚且不可,何况拿来入诗!字句既不修饰,加上许多滥调的语助词,真成了诗的"新八股腔"了。

以上所说,是专就技术上研究白话诗难工易工的问题,并不是说白话诗没有价值。我想白话诗将来总有大成功的希望,但须有两个条件:第一,要等到国语进化之后,许多文言,都成了"白话化"。第二,要等到音乐大发达之后,作诗的人,都有相当音乐智识和趣味。这却是非需以时日不能。现在有人努力去探辟这殖民地,自然是极好的事。但绝对的排斥文言,结果变成奖励俗调,相习于粗糙浅薄,把文学的品格低下了,不可不虑及。

其实文言白话,本来就没有一定的界限。"暮投石壕村,有吏夜捉人。老翁逾墙走,老妇出门看",算文言呀,还是算白话?"浔阳江头夜送客,枫叶荻花秋瑟瑟。主人下马客在船,举酒欲饮无管弦",算文言呀,还是算白话?再高尚的,"行行重行行,与君生别离","采菊东篱下,悠然见南山",算文言呀,还是算白话?就是在律诗里头,"尚想旧情怜婢仆,也曾因梦送钱财。情知此恨人人有,贫贱夫妻百事哀",算文言呀,还是算白话?那最高超雄浑的,"吴楚东南坼,乾坤日夜浮。亲朋无一字,老病有孤舟",算文言呀,还是算白话?若说是定要满纸"的么了咧"……定要将《石壕吏》三、四两句改作"有一位老头子爬墙头跑了,一位老婆子出门口张望张望"才算白话,老实说,我就不敢承教。若说我刚才所举出的那几联都算得白话,那么白话文言,毕竟还有什么根本差别呢?老实讲一句,我们的白话文言,本来就没有根本差别。最要紧的,不过语助词有些变迁或是单字不便上口,改为复字。例如文言的"之""者",白话变为"的";文言的"矣",白话变为"了";文言的"乎""哉",白话变为"么""吗";文言单用"因"字"为"字,白话总要"因为"两字连用;文言"故"字"所以"字随便用,白话专用"所以"。"的""了""么""吗",固然是人人共晓;"之""者""矣""乎""哉",何尝不也是人人共晓?《论语》只用"斯"字,不用"此"字。后人作文,若说定要把"此"改作"斯"才算古雅,固然可笑。若说"斯"字必不许用,又安有此理?"能饮一杯无",古文应作"能饮一杯乎"?白话应作"能饮一杯么"?其实"乎""无""么"三字原只是一字,不过口音微变,演成三体。用"乎"用"无"用"么",尽听人绝对的自由选择,读者一样的尽人能解。

近来有人将文言比欧洲的希腊文拉丁文,将改用白话体比欧洲近世各国之创造国语文学,这话实在是夸张太甚,违反真相。希腊拉丁语和现在的英法德语,语法截然不同,字体亦异,安能不重新改造?譬如我中国人治佛学的,若使必要诵习梵文,且著作都用梵文写出,思想如何能普及?自然非用本国通行文字写他不可。中国文言、白话的差别，只能拿现在英国通俗文和索士比亚时代英国古文的差别做个比方，绝不能拿现在英法德文和古代希腊拉丁文的差别做个比方。现代英国人，排斥希腊拉丁，是应该的，是可能的；排斥《索士比亚集》，不惟不应该，而且不可能。因为现代英文和《索士比亚集》并没有根本不同，绝不能完全脱离了他，创成独立的一文体。我中国白话之与文言，正是此类。

何况文字不过一种工具，他最要紧的作用：第一，是要把自己的思想和感情完全传达出来；第二，是要令对面的人读下去能确实了解。就第二点论，读"活着的挨一天是一天，死过的算永远完了"这两句话能够了解的人，读"存者且偷生，死者长已矣"这两句话，亦自会了解。质言之，读《水浒传》《红楼梦》能完全了解字句的人，读《论语》《孟子》也差不多都了解；《论语》《孟子》一字不解的，便《水浒》《红楼》亦哪里读得下去！——这专就普通字句论。若书中的深意，自然是四种书各各都有难解处；又字句中仍有须特别注释的，四种书都有。就第一点论，却是文言白话，各有各的特长。例如描写社会实状委曲详尽，以及情感上曲折微妙传神之笔，白话最擅长；条约法律等条文，非文言不能简明正确；普通说理叙事之文，两者皆可，全视作者运用娴熟与否为工拙。我这段话自问总算极为持平，所以我觉得文言白话之争，实在不成问题。一两年来，大家提倡白话，我是极高兴。高兴什么？因为文学界得一种解放。若翻过来极端的排斥文言,那不是解放,却是别造出一种束缚了。标榜白话文的格律义法,还不是"桐城派第二"?这总由脱不了二千年来所谓"表章什么罢黜什么"的劣根性,我们今日最宜切戒。依我的主张,是应采绝对自由主义。除了用艰僻古字,填砌陈腐典故,以及古文家缛笔肤语,应该排斥外,只要是朴实说理,恳切写情,无论白话文言,都可尊尚,任凭作者平日所练习以及一时兴会所到,无所不可。甚至一篇里头,白话文言,错杂并用,只要调和得好,也不失为名文。这是我对于文学上一般的意见。

专就讨论:第一,押险韵,用僻字,是要绝对排斥的。第二,用古典作替代语,变成"点鬼簿",是要绝对排斥的。第三,美人芳草,托兴深微,原是一种象征的作用,作得好的自应推尚,但是一般诗家陈陈相袭,变成极无聊的谜语,也是要相对排斥的。第四,律诗有篇幅的限制,有声病的限制,束缚太严,不便于自由发摅性灵,也是该相对的排斥。然则将来新诗的体裁该怎么样呢?第一,四言,五言,七言,长短句,随意选择。第二,骚体,赋体,词体,曲体,都拿来入诗,在长篇里头,只要调和得好,各体并用也不妨。第三,选词以最通行的为主,俚语俚句,不妨杂用,只要能调和。第四,纯文言体或纯白话体,只要词句显豁简炼,音节谐适,都是好的。第五,用韵不必拘拘于《佩文诗韵》,且至唐韵古音,都不必多管,唯以现在口音谐协为主,但韵却不能没有,没有只好不算诗。白话体自然可用,但有两个条件,应该注意:第一,凡字而及句法有用普通文言可以达意者，不必定换俚字俗语，若有意如此，便与旧派之好换僻字自命典雅者，同属一种习气，徒令文字冗长惹厌。第二，语助词愈少用愈好，多用必致伤气，便像文言诗满纸"之乎者也"，还成个什么诗呢？若承认这两个条件，那么白话诗和普通文言诗，竟没有很显明的界线。寒山、拾得、白香山，就是最中庸的诗派。我对于白话诗的意见大略如此。

因为研究诗的技术方面，涉及目前一个切要问题，话未免太多了，如今要转向实质方面。我们中国诗家有一个根本的缺点，就是厌世气味太重。我的朋友蒋百里曾有一段话，说道："中国的哲学，北派占优势；可是文学的势力，实在是南派较强。南派的祖宗，就是那怀石沉江的屈子。他的一个厌世观，打动了多少人心。所以贾长沙的哭，李太白的醉，做了文人一种模范。到后来末流，文人自命清高，对于人生实在生活，成一种悲观的态度，好像'世俗'二字，和'文学'是死对头一般。"（《改造》第一号《谈外国文学之先决条件》）这段话真是透辟。我少年时亦曾有两句诗，说道："平生最恶牢骚语，作态呻吟苦恨谁。"（《饮冰室诗稿》）我想，我们若不是将这种观念根本打破，在文学界断不能开拓新国土。

第二件，前人都说，诗到唐朝极盛。我说，诗到唐朝始衰。为什么呢？因为唐以诗取士，风气所趋，不管什么人都学诌几句，把诗的品格弄低了。原来文学是一种专门之业，应该是少数天才俊拔而且性情和文学相近的人，摒弃百事，专去研究他，作成些优美创新的作品，供多数人赏玩。那多数人只要去赏玩他，涵养自己的高尚性灵便够了，不必人人都作，这才是社会上人才经济主义。如今却好了，科举既废，社会对于旧派的词章家，带一种轻薄态度，做诗不能换饭吃。从今以后，若有喜欢做诗的人，一定是为文学而研究文学，根柢已经是纯洁高尚了。加以现代种种新思潮输入，人生观生大变化，往后做文学的人，一定不是从前那种消极理想。所以我觉得，中国诗界大革命，时候是快到了。其实就以中国旧诗而论，那几位大名家所走的路，并没有错。其一，是专玩味天然之美，如陶渊明、王摩诘、李太白、孟襄阳一派。其二，是专描写社会实状，如杜工部、白香山一派。中国最好的诗，大都不出这两途；还要把自己真性情表现在里头，就算不朽之作。往后的新诗家，只要把个人叹老嗟卑，和无聊的应酬交际之作一概删汰，专从天然之美和社会实相两方面着力，而以新理想为之主干，自然会有一种新境界出现。至于社会一般人，虽不必个个都做诗，但诗的趣味，最要涵养，如此然后在这实社会上生活，不至干燥无味，也不至专为下等娱乐所夺，致品格流于卑下。这是我对于诗的第三种见解。

金、黄两先生的诗，能够完全和我理想上的诗相合吗？还不能，但总算有几分近似了。我如今要把两先生所遭值的环境和他个人历史，简单叙述，再对于他的诗略下批评。（未完）

中国韵文里头所表现的情感

本学期在清华学校讲国史,校中文学社诸生请为文学的课外讲演,辄拈此题。所讲现未终了,讲义随讲随编。其预定的内容略如下:

一、二 导言

三 奔迸的表情法

四、五 回荡的表情法

六 附论新同化之西北民族的表情法

七、八 蕴藉的表情法

九 附论女性文学与女性情感

十 象征派的表情法

十一 浪漫派的表情法

十二 写实派的表情法

十三 文学里头所显的人生观

十四 表情所用文体的比较

右讲稿皆于著史之暇，闲日抽余晷草之。其脱略舛谬处，自知不少。即如第三讲中论奔迸的表情法所引《陇头歌》，细思实当改入第四讲中论吞咽式表情法条下。今因《改造》杂志索稿，匆匆检付，无暇覆勘校改。惟自觉用表情法分类以研究旧文学，确是别饶兴味。前人虽间或论及，但未尝为有系统的研究。不揣愚陋，辄欲从此方面引一端绪。其疏舛之处，极盼海内同嗜加以是正。

校中参考书缺乏，且时日匆促，故所引作品仅凭记忆所及，读者幸勿责其挂漏。

民国十一年三月二十五日，在清华学校，启超

一

天下最神圣的莫过于情感。用理解来引导人，顶多能叫人知道那件事应该做，那件事怎样做法，却是被引导的人到底去做不去做，没有什么关系。有时所知的越发多，所做的倒越发少。用情感来激发人，好像磁力吸铁一般。有多大分量的磁，便引多大分量的铁，丝毫容不得躲闪。所以情感这样东西，可以说是一种催眠术，是人类一切动作的原动力。

情感的性质是本能的，但他的力量，能引人到超本能的境界；情感的性质是现在的，但他的力量，能引人到超现在的境界。我们想入到生命之奥，把我的思想行为和我的生命迸合为

一,把我的生命和宇宙和众生迸合为一,除却通过情感这一个关门,别无他路。所以情感是宇宙间一种大秘密。

情感的作用固然是神圣,但他的本质不能说他都是善的,都是美的。他也有很恶的方面,他也有很丑的方面。他是盲目的,到处乱碰乱迸。好起来好得可爱,坏起来也坏得可怕。所以古来大宗教家、大教育家,都最注意情感的陶养。老实说,是把情感教育放在第一位。情感教育的目的,不外将情感善的美的方面尽量发挥,把那恶、丑的方面渐渐压伏淘汰下去。这种工夫做得一分,便是人类一分的进步。

情感教育最大的利器,就是艺术。音乐、美术、文学这三件法宝把"情感秘密"的钥匙都掌住了。艺术的权威,是把那霎时间便过去的情感,捉住他令他随时可以再现;是把艺术家自己"个性"的情感,打进别人们的"情阈"里头,在若干期间内占领了"他心"的位置。因为他有恁么大的权威,所以艺术家的责任很重。为功为罪,间不容发。艺术家认清楚自己的地位,就该知道:最要紧的工夫,是要修养自己的情感,极力往高洁纯挚的方面,向上提挈,向里体验。自己腔子里那一团优美的情感养足了,再用美妙的技术把他表现出来,这才不辱没了艺术的价值。

二

我这篇讲演,说的是中国韵文里头所表现的情感。"韵文"是有音节的文字。那范围,三百篇、楚辞起,连乐府歌谣、古近体诗、填词曲本乃至骈体文都包在内(但骈体文征引较少)。我所征引的只凭我记忆力所及,自然不能说完备。但这些资料,不过借来举例,倒不在乎备不备。我想怎么多也够了。我所征引的都是极普通脍炙人口的作品,绝不搜求隐僻。我想这种作品,合于作品代表的资格。

我这回所讲的,专注重表现情感的方法有多少种?那样方法我们中国人用得最多,用得最好?至于所表现的情感种类,我也很想研究。但这回不及细讲,只能引起一点端绪。我讲这篇的目的,是希望诸君把我所讲的做基础,拿来和西洋文学比

◎《小雅鸿雁之什图·黄鸟》 宋　马和之

较,看看我们的情感,比人家谁丰富?谁寒俭?谁浓挚?谁浅薄?谁高远?谁卑近?我们文学家表示情感的方法,缺乏的是那几种?先要知道自己民族的短处,去补救他,才配说发挥民族的长处。这是我讲演的深意。现在请入本题。

三

向来写情感的,多半是以含蓄蕴藉为原则。像那弹琴的弦外之音,像吃橄榄的那点回甘味儿,是我们中国文学家所最乐道。但是有一类的情感,是要忽然奔迸一泻无余的。我们可以给这类文学起一个名,叫作"奔迸的表情法"。例如碰着意外的过度的刺激,大叫一声或大哭一场或大跳一阵,在这种时候,含蓄蕴藉是一点用不着。例如《诗经》:

蓼蓼者莪,匪莪伊蒿。哀哀父母,生我劬劳。(《蓼莪》)
彼苍者天,歼我良人!如可赎兮,人百其身。(《黄鸟》)

前一章是父母死了,悲痛到极处。"哀哀……劬劳"八个字连泪带血迸出来。后一章是秦穆公用人来殉葬,看的人哀痛怜悯的情感,迸在这四句里头,成了群众心理的表现。

风萧萧兮易水寒,壮士一去兮不复还!

这是荆轲行刺秦始皇临动身时,他的朋友高渐离歌来送他,只用两句话,一点扭捏也没有,却是对于国家、对于朋友的万斛情感,都全盘表出了。

古乐府里头有一首《箜篌引》,不知何人所作:据说是有一个狂夫,当冬天早上在河边"被发乱流而渡",他的妻子从后面赶上来要拦他,拦不住,溺死了。他妻子作了一首"引",是:

公无渡河!公竟渡河!堕河而死,将奈公何。

又有一首《陇头歌》,也不知谁人所作,大约是一位身世很可怜的独客。那歌有两叠,是:

陇头流水,流离四下;念吾一身,飘然旷野。
陇头流水,鸣声呜咽;遥望秦川,肝肠断绝。

这些都是用极简单的语句,把极真的情感尽量表出;真所谓"一声《河满子》,双泪落君前"。你若要多着些话,或是说得委婉些,那么真面目完全丧掉了。

力拔山兮气盖世!时不利兮骓不逝!骓不逝兮可奈何!虞兮虞兮奈若何!(《虞兮歌》)

大风起兮云飞扬！威加海内兮归故乡！安得猛士兮守四方！（《大风歌》）

前一首是项羽在垓下临死时对着他爱妾虞姬唱的；把英雄末路的无限情感都涌现了。后一首是汉高祖做了皇帝过后回到故乡，对那些父老唱的，一种得意气概尽情流露。

陟彼北芒兮，噫！顾瞻帝京兮，噫！宫阙崔巍兮，噫！民之劬劳兮，噫！辽辽未央兮，噫！（《五噫歌》）

这一首是后汉时梁鸿作的，满肚子伤世忧民的热情，叹了五口大气，尽情发泄，极文章之能事。

上邪！我欲与君相知，长命无绝衰。山无陵，江水为竭；冬雷震震夏雨雪；天地合；乃敢与君绝。（《上邪曲》）

这类一泻无余的表情法，所表的什有九是哀痛一路。这首歌却是写爱情，像这样斩钉截铁的赌咒，正表示他们的恋爱到"白热度"。

正式的五七言诗用这类表情法的很少，因为多少总受些格律的束缚，不能自由了。要我在各名家诗集里头举例，几乎一个也举不出（也许是我记不起）。独有表情老手的杜工部有一首最为怪诞。

剑外忽传收蓟北,初闻涕泪满衣裳。却看妻子愁何在,漫卷诗书喜欲狂。
白日放歌须纵酒,青春结伴好还乡。即从巴峡穿巫峡,便下襄阳向洛阳。

凡诗写哀痛、愤恨、忧愁、悦乐、爱恋,都还容易;写欢喜真是难。即在长短句和古体里头也不易得,这首诗是近体,个个字受"声病"的束缚,他却作得如此淋漓尽致!那一种手舞足蹈的情形,读了令人发怔。据我看过去的诗没有第二首比得上了。

此外这种表情法我能举得出的很少。近代人吴梅村,诗格本不算高,但他的集中却有一首,确能用这种表情法。那题目我记不真,像是《送吴季子出塞》。他劈空来怎么几句:

人生千里与万里,黯然消魂别而已!君独何为至于此?生非生兮死非死,山非山兮水非水。……

他送的人叫作吴汉槎,是前清康熙间一位名士,因不相干的事充军到黑龙江,许多人替他叫冤,都有诗送他,梅村这首算是最好;好处是把无穷的冤抑,用几句极粗重的话表尽了。

词里头这种表情法也很少,因为词家最讲究缠绵悱恻,也不是写这种情感的好工具。若勉强要我举个例,那么辛稼轩的《菩萨蛮》上半阕:

郁孤台下清江水,中间多少行人泪。西北是长安,可怜无数山。……

这首词是在徽、钦二宗北行所经过的地方题壁的,稼轩是比岳飞稍为晚辈的一位爱国军人,带着兵驻在边界,常常想要恢复中原。但那时小朝廷的君臣都不许他;到了这个地方,忽然受很大的刺激,由不得把那满腔热泪都喷出来了。

吴梅村临死的时候,有一首《贺新郎》,也是写这一类的情感,那下半阕是:

故人慷慨多奇节,恨当年沉吟不断,草间偷活。艾灸眉头瓜喷鼻,今日须难决绝,早患苦重来千叠。脱屣妻孥非易事,竟一钱不值何须说。……

梅村因为被清廷强奸了当"贰臣",心里又恨又愧,到临死时才尽情发泄出来,所以很能动人。

曲本写这种情感,应该容易些,但好的也不多。以我所记得的独《桃花扇》里头,有几段很见力量。那《哭主》一出写

左良玉在黄鹤楼开宴,正饮得热闹时,忽然接到崇祯帝殉国的急报,唱道:

高皇帝,在九京,不管亡家破鼎。那知你圣子神孙,反不如飘蓬断梗!十七年忧国如病,呼不应天灵祖灵,调不来亲兵救兵。白练无情,送君王一命!……

宫车出,庙社倾,破碎中原费整。养文臣帷幄无谋,豢武夫疆场不猛。到今日山残水剩,对大江月明浪明,满楼头呼声哭声。这恨怎平,有皇天作证。……

那《沉江》一出,写清兵破了扬州,史可法从围城里跑出,要到南京,听见福王已经投降,哀痛到极,迸出来几句话:

抛下俺断蓬船,撇下俺无家犬!呼天叫地千百遍,归无路进又难前!……累死英雄,到此日看江山换主,无可留恋。

唱完了这一段,就跳下水里死了。跟着有一位志士赶来,已经救他不及,便唱道:

……谁知歌罢剩空筵?长江一线,吴头楚尾路三千,尽归别姓,雨翻云变!寒涛东卷,万事付空烟!……

这几段，我小时候读他，不知淌了几多眼泪。别人我不知道，我自己对于满清的革命思想，最少也有一部分受这类文学的影响。他感人最深处，是一个个字，都带着鲜红的血呕出来。虽然比前头所举那几个例说话多些，但在这种文体不得不然，我们也不觉得他话多。

凡这一类，都是情感突变，一烧烧到"白热变"；便一毫不隐瞒，一毫不修饰，照那情感的原样子，迸裂到字句上。我们既承认情感越发真、越发神圣，讲真，没有真得过这一类了。这类文学，真是和那作者的生命分劈不开——至少也是当他作出这几句话那一秒钟时候，语句和生命是迸合为一。这种生命是要亲历其境的人自己创造，别人断乎不能替代。如"壮士不还""公无渡河"等类，大家都容易看出是作者亲历的情感。即如《桃花扇》这几段，也因为作者孔云亭是一位前明遗老（他里头还有一句说：那晓得我老夫就是戏中之人？），这些沉痛，都是他心坎中原来有的，所以写得能够如此动人。所以这一类我认为情感文中之圣。

这种表现法，十有九是表悲痛，表别的情感，就不大好用。我勉强找，找得《牡丹亭·惊梦》里头：

原来是姹紫嫣红开遍，似这般都付与断井颓垣！

这两句的确是属于奔迸表情法这一类。他写情感忽然受

◎《潇湘竹石图》 宋　苏轼

了刺激，变换一个方向，将那霎时间的新生命迸现出来，真是能手。

我想悲痛以外的情感，并不是不能用这种方式去表现。他的诀窍，只是当情感突变时，捉住他"心奥"的那一点，用强调写到最高度。那么，别的情感，何尝不可以如此呢？苏东坡的《水调歌头》便是一个好例：

明月几时有？把酒问青天。不知天上宫阙，今夕是何年？我欲乘风归去，又恐琼楼玉宇，高处不胜寒。……

这全是表现情感一种亢进的状态；忽然得着一个"超现世的"新生命。令我们读起来，不知不觉也跟着到他那新生命的领域去了。

这种情感的这种表现法，西洋文学里头恐怕很多，我们中国却太少了。我希望今后的文学家,努力从这方面开拓境界。

四

这一回讲的,我也起他一个名,叫作"回荡的表情法";是一种极浓厚的情感蟠结在胸中,像春蚕抽丝一般把他抽出来。这种表情法,看他专从热烈方面尽量发挥,和前一类正相同。所异者,前一类是直线式的表现,这一类是曲线式或多角式的表现。前一类所表的情感,是起在突变时候,性质极为单纯,容不得有别种情感搀杂在里头。这一类所表的情感,是有相当的时间经过,数种情感交错纠结起来,成为网形的性质。人类情感在这种状态之中者最多,所以文学上所表现,亦以这一类为最多。

这类表情法,在《诗经》中可以举出几个绝好模范:

鸱鸮鸱鸮!既取我子,无毁我室!恩斯勤斯,鬻子之闵斯。

迨天之未阴雨,彻彼桑土,绸缪牖户;今女下民,或敢侮予?

予手拮据,予所捋荼;予所蓄租,予口卒瘏;曰予未有室家。

予羽谯谯,予尾翛翛,予室翘翘,风雨所漂摇,予维音哓

晓。(《鸱鸮》)

三百篇的作者，百分之九十九没有主名，独这一篇因《尚书·金縢》所记，我们确知系出周公手笔，是当管蔡流言王业漂摇的时候，作来感悟成王的。他托为一只鸟的话，说经营这小小的一个巢，怎样的担惊恐，怎样的挨辛苦，现在还是怎样的艰难。没有一句动气话，没有一句灰心话，只有极浓极温的情感，像用深深的刀痕刻镂在字句上。那情感的丰富和醇厚真，可以代表"纯中华民族文学"的美点。他那表情方法，是用螺旋式，一层深过一层。

弁彼鹭斯，归飞提提，民莫不谷，我独于罹。何辜于天，我罪伊何？心之忧矣，云如之何？

踧踧周道，鞠为茂草，我心忧伤，怒焉如捣。假寐永叹，维忧用老；心之忧矣，疢如疾首。

维桑与梓，必恭敬止。靡瞻匪父，靡依匪母。不属于毛，不离于里；天之生我，我辰安在？……(《小弁》)

这诗共八章。为省时间起见，仅引三章，其实全篇是无一处不好的。这诗也大概寻得出主名，是周幽王宠爱褒姒，把太子废了。太子的师傅代太子作这篇诗来感动幽王；幽王到底不听，周朝不久也被犬戎灭了；算是历史上很有关系的一篇文

◎《御笔诗经图》 清 清高宗

学。这诗的特色,是把磊磊堆堆蟠郁在心中的情感,像很费力的才吐出来;又像吐出,又像吐不出,吐了又还有。那表情方法,专用"语无伦次"的样子,一句话说过又说,忽然说到这处,忽然又说到那处。用这种方式来表现这种情绪,恐怕再妙没有了。

  彼黍离离,彼稷之苗;行迈靡靡,中心摇摇。知我者谓我心忧,不知我者谓我何求!悠悠苍天,此何人哉?

  彼黍离离,彼稷之穗;行迈靡靡,中心如醉。知我者谓我心忧,不知我者谓我何求!悠悠苍天,此何人哉?(《黍离》)

这首诗依旧说是宗周亡了过后,那些遗民经过故都凭吊感触作出来,大约是对的。他那一种缠绵悱恻回肠荡气的情感,不用我指点,诸君只要多读几遍,自然被他魔住了。他的表情法,是胸中有种种甜酸苦辣写不出来的情绪,索性都不写了,只是咬着牙龈长言永叹一番,便觉得一往情深,活现在字句上。

肃肃鸨翼,集于苞棘。王事靡监,不能艺黍稷。父母何食!悠悠苍天,曷其有极!(《鸨羽》)

泛彼柏舟,亦泛其流。耿耿不寐,如有隐忧。微我无酒,以敖以游。

我心匪鉴,不可以茹;亦有兄弟,不可以据。薄言往诉,逢彼之怒。

我心匪石,不可转也;我心匪席,不可卷也;威仪棣棣,不可选也。

忧心悄悄,愠于群小;觏闵既多,受侮不少。静言思之,寤辟有摽。

日居月诸,胡迭而微。心之忧矣,如匪浣衣。静言思之,不能奋飞。(《柏舟》)

那《鸨羽》篇,大抵是当时人民被强迫去当公差,把正当职业都耽搁了,弄到父母挨饿。那《柏舟》篇,大约是一位女子受了家庭的压迫,有冤无处诉,都是表一种极不自由的情感。他的表情法,和前头那三首都不同:他们在饮恨的状态底下，情感才发泄到喉咙，又咽回肚子里去了。所以音节很短促，若断若续，若用曼声长谣的方式写这种情感便不对。

这五篇都是回荡的表情法，却有四种不同的方式。我们可以给他四个记号：

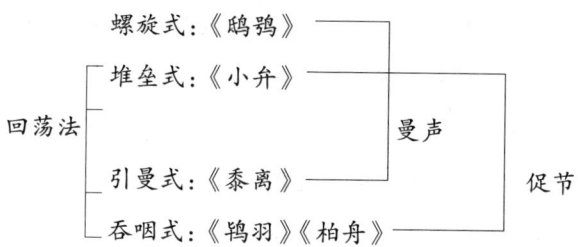

《诗经》中这类表情法，真是无体不备。像这样好的还很多，《小雅》什有九皆是。真所谓"温柔敦厚"，放在我们心坎里头是暖的。《诗经》这部书所表示的正是我们民族情感最健全的状态。这一点无论后来那位作家都赶不上。

楚辞的特色，在替我们文学界开创浪漫境界，常常把情感提往"超现实"的方向，这一点下文再说。他的现实方面，还是和三百篇一样路数，缠绵悱恻，怨而不怒，试举数段为例：

……入溆浦余儃佪兮，迷不知吾所如；深林杳以冥冥兮，猿狖之所居。山峻高以蔽日兮，下幽晦以多雨；霰雪纷其无垠兮，云霏霏而承宇。哀吾生之无乐兮，幽独处乎山中；吾不能

变心而从俗兮，固将愁苦而终穷。……（《涉江》）

……忠何罪以遇罚兮，亦非余心之所志；行不群以颠越兮，又众兆之所咍。纷逢尤以离谤兮，謇不可释；情沉抑而不达兮，又蔽而莫之白。心郁邑而侘傺兮，又莫察余之中情；固烦言不可结诒兮，愿陈志而无路。退静默而莫余知兮，进号呼又莫吾闻；申侘傺之烦惑兮，中闷瞀之忳忳。……（《惜诵》）

曼余目以流观兮，冀一反之何时；鸟飞反故乡兮，狐死必首丘；信非吾罪而弃逐兮，何日夜而忘之。（《哀郢》）

……忳郁邑余侘傺兮，吾独穷困乎此时也；宁溘死以流亡兮，余不忍为此态也。……（《离骚》）

制芰荷以为衣兮，集芙蓉以为裳；不吾知其亦已兮，苟余情其信芳。高余冠之岌岌兮，长余佩之陆离；芳与泽其杂糅兮，唯昭质其犹未亏。忽反顾以游目兮，将往观乎四荒；佩缤纷其繁饰兮，芳菲菲其弥章。人生各有所乐兮，余独好修以为常；虽体解吾犹未变兮，岂余心之可惩。（《离骚》）

屈原的情感，是烦闷的；却又是浓挚的、孤洁的、坚强的。浓挚、孤洁、坚强三种拼拢一处，已经有点不甚相容，还凑着他那种境遇，所以变成烦闷。《涉江》那段，用象征的方式，烘托出烦闷。《惜诵》那段，写无伦次的烦闷状态，和前文所引的《小弁》，同一途径。《哀郢》那段，把浓挚的情感尽量显出，《离骚》两段专表他的孤洁和坚强。屈原是有洁癖的人，闹到情死；他的情感，全含亢奋性，看不出一点消极的痕迹。

宋玉便不同了。他代表的作品是《九辩》，完全和屈原是两种气味。

> 悲哉秋之为气也！萧瑟兮草木摇落而变衰；憭栗兮若在远行，登山临水兮送将归。泬寥兮天高而气清，寂寥兮收潦而水清。惨凄增欷兮薄寒之中人，怆怳懭悢兮去故而就新。坎廪兮贫士失职而志不平，廓落兮羁旅而无友生，惆怅兮而私自怜。……（《九辩》）

这篇全是汉晋以后那种叹老嗟卑的颓废情感所从出，比屈原差得远了。但表情的方法，屈、宋都是一样。我譬喻他像一条大蛇，在那里蟠——蟠——蟠；又像一个极深极猛的水源，给大石堵住，在石罅里头到处喷迸。这是他们和三百篇不同处。

楚辞多半是曼声；很少促节，大抵这一体与促节不甚相宜。独有淮南小山《招隐士》是别调，全篇都算得促节。如：

> 王孙游兮不归，春草生兮萋萋，岁暮兮不自聊，蟪蛄鸣兮啾啾，块兮轧，山曲崿，心淹留兮恫慌忽，罔兮沕，憭兮栗，虎豹穴，丛薄深林兮人上栗。

但这种促节不全属吞咽一路。像《哀郢》那几句，的确写饮恨的情感，却仍是曼声。

汉魏六朝五言诗的表情法，都走微婉一路，容下文再说。要看他们热烈的情感，还是从乐府里找。试举几首为例。

（1）悲歌可以当泣，远望可以当归。

思念故乡，郁郁累累。

欲归家无人，欲渡河无船。

心思不能言，肠中车轮转。

（2）秋风萧萧愁杀人，出亦愁，入亦愁。

座中何人，谁不怀忧，令我白头。

胡地多悲风，树木何修修。

离家日趋远，衣带日趋缓；心思不能言，肠中车轮转。

（3）

来日大难，口燥唇干；今日相乐，皆当喜欢。……

月没参横，北斗阑干，亲交在门，饥不及餐。……

（4）

出东门不顾，归来入门怅欲悲。

盎中无斗储，还视桁上无悬衣。

拔剑出门去，儿女牵衣啼。

他家但愿富贵，贱妾与君共铺糜。

共铺糜，上用仓浪天故，下为黄口小儿。

今时清廉难犯,教言君自爱莫为非。

今时清廉难犯,教言君自爱莫为非。

行吾!去为迟,(注:行吾之"吾"字疑即"乎"字同音通用)

平慎行,望君归。

(5)

有所思,乃在大海南;何用问遗君,双珠玳瑁簪。

用玉绍缭之;闻君有他心,拉杂摧烧之。

摧烧之,当风扬其灰;从今已往,勿复相思。

相思与君绝,鸡鸣狗吠当知之。

◎《山水图册》 清 朱耷

妃呼狶！秋风肃肃晨风飔；东方须臾高知之。（注："妃呼狶"，感叹词。）

这些乐府，不惟不能得作者主名，并不能确指年代，大约是汉以后唐以前几百年间的作品。此外还有许多好的，因为他是另外一种表情法，等到下文别段再讲。读这几首，大略可以看得出当时平民文学的特采，是极真率而又极深刻，后来许多专门作家都赶不上。李太白刻意学这一体，但神味差得远了。

汉代大文学家很少，流传下来最有名的是几篇赋，都不是表情之作。五言诗初发轫，没有壮阔的波澜，模仿三百篇取蕴藉一路的较多些，很回荡的可以说没有。勉强举一两首，如苏武的：

结发为夫妻，恩爱两不疑。欢娱在今夕，燕婉及良时。
征夫怀往路，起视夜何其。参辰皆已没，去去从此辞。
行役在战场，相见未有期。握手一长叹，泪为生别滋。
努力爱春华，莫忘欢乐时。生当复归来，死当长相思。

枚乘的：

行行重行行，与君生别离。相去万余里，各在天一涯。
道路阻且长，会面安可知。胡马依北风，越鸟巢南枝。

相去日已远,衣带日已缓。浮云蔽白日,游子不顾返。思君令人老,岁月忽已晚。弃捐莫复道,努力加餐饭。

两首皆写男女别时别后的情爱,前一首近于螺旋式,后一首近于吞咽式。当时作品中只能到这种境界而止。往前比,比不上三百篇、楚辞;往后比,比不上唐人;同时的,也比不上平民文学的乐府。

到三国时建安七子,渐渐把五言成立一个规模,内中以曹子建为领袖。子建《赠白马王彪》一首,可算得在五言诗里头别出生面,开后来杜工部一路。这诗很长,录之如下:

谒帝承明庐,逝将归旧疆。清晨发皇邑,日夕过首阳。伊洛广且深,欲济川无梁。泛舟越洪涛,怨彼东路长。顾瞻恋城阙,引领情内伤。太谷何寥廓,山树郁苍苍。霖雨泥我涂,流潦浩纵横。中逵绝无轨,改辙登高冈。修坂造云日,我马玄以黄。

玄黄犹能进,我思郁以纡;郁纡将何念,亲爱在离居。本图相与偕,中更不克俱。鸱枭鸣衡轭,豺狼当路衢。苍蝇间白黑,谗巧反亲疏。欲还绝无蹊,揽辔止踟蹰。

踟蹰亦何留,相思无终极。秋风发微凉,寒蝉鸣我侧。原野何萧条,白日忽西匿。归鸟赴乔林,翩翩厉羽翼。孤兽走索群,衔草不遑食。感物伤我怀,抚心长太息。

太息将何为,天命与我违。奈何念同生,一往形不归。孤魂翔故域,灵柩寄京师。存者忽已过,亡没身自衰。人生处一世,去若朝露晞。年在桑榆间,影响不能追。自顾非金石,咄唶令心悲。

心悲动我神,弃置莫复陈。丈夫志四海,万里犹比邻。恩爱苟不亏,在远分日亲。何必同衾帱,然后展殷勤。忧思成疾疹,毋乃儿女仁。仓卒骨肉情,能不怀苦辛。

苦辛何虑思,天命信可疑。虚无求列仙,松子久吾欺。变故在斯须,百年谁能持。离别永无会,执手将何时。王其爱玉体,俱享黄发期。收泪即长路,援笔从此辞。

大抵情感之文。若写的不是那一刹那间的实感,任凭多大作家,也写不好。子建这诗有篇序,说是同白马王、任城王三兄弟入朝。任城王死去,到还国时,"有司以二王归藩,道路宜异止宿,意毒恨之。盖以大别在数日,是用自剖,愤而成篇"云云。兄弟的真爱情,从肺腑流出,所以独好。

此后阮嗣宗几十首的《咏怀》,大部分也是表情感热烈方面的。内中如《二妃游江滨》《嘉树下成蹊》《平生少年时》《湛湛长江水》《徘徊蓬池上》《独坐空堂上》《驾言发魏都》《一日复一夕》《嘉时在今辰》等篇,都是回肠荡气的作品。陶渊明虽然是淡远一路(下文别论),但集中《咏荆轲》,《拟古》里头的《荣荣窗下兰》《辞家夙严驾》《迢迢百尺楼》《种桑长江边》,《杂诗》里头的《白日沦西河》《忆我少年时》等篇,都是表现他的阳性情感,应属于这一类。此外如鲍明远的《行路难》,潘安仁的《悼亡》,都也有好处。

中古以降的诗,用这种表情法用得最好的,我可以举出一个人当代表。什么人?杜工部!后人上杜工部的徽号叫作"诗圣",别的圣不圣,我不敢说,最少"情圣"两个字,他是当得起。他有他自己独到的一种表情法,前头的人没有这种境界,后头的人逃不出这种境界。他集中的情诗太多了,我只随意举出人人共读的几首为例。

客行新安道,喧呼闻点兵。借问新安吏,县小更无丁。府帖昨夜下,次选中男行。中男绝短小,何以守王城?肥男有母送,瘦男独伶俜。白水暮东流,青山闻哭声。莫自使眼枯,收汝泪纵横。眼枯即见骨,天地终无情。……(《新安吏》)

四郊未宁静,垂老不得安。子孙阵亡尽,焉用身独完?投杖出门去,同行为辛酸。

……老妻卧路啼,岁暮衣裳单。孰知是死别,且复伤其寒。此去必不归,还闻劝加餐。……(《垂老别》)

这类是由"同情心"发出来的情感。工部是个多血质的人,他《自京赴奉先咏怀》那首诗里头说:"穷年忧黎元,叹息肠内热。"又说:"彤庭所分帛,本自寒女出;鞭挞其夫家,

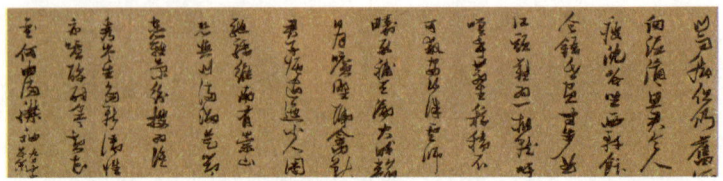

◎《行草书杜甫诗册》 明 张瑞图

聚敛贡城阙。"又说:"朱门酒肉臭,路有冻死骨。"他还有一首诗道:"堂前扑枣任西邻,无食无儿一妇人。不为困穷宁有此,只缘恐惧转相亲。"集里头像这样的还多,都是同情心的表现。他的眼睛常常注视到社会最底下那一层;他最了解穷苦人们的心理。所以他的诗因他们触动情感的最多,有时替他们写情感,简直和本人自作一样。"三吏""三别",便是模范的作品。后来白香山的《秦中吟》《新乐府》,也是这个路数,但主观的讽刺色彩太重,不能如工部之哀沁心脾。

(1)

少陵野老吞声哭,春日潜行曲江曲。江头宫殿锁千门,细柳新蒲为谁绿。

……明眸皓齿今何在,血污游魂归不得。清渭东流剑阁深,去住彼此无消息。人生有情泪沾臆,江水江花岂终极。黄昏胡骑尘满城,欲往城南忘南北。(《哀江头》)

(2)

……腰下宝玦青珊瑚,可怜王孙泣路隅。问之不肯道姓名,但道困苦乞为奴。已经百日窜荆棘,身上无有完肌肤。

……豺狼在邑龙在野,王孙善保千金躯。不敢长语临交衢,且为王孙立斯须。……(《哀王孙》)

(3)

忆昔开元全盛日,小邑犹藏万家室;稻米流脂粟米白,公私仓廪俱丰实;九州道路无豺虎,远行不劳吉日出;齐纨鲁缟车班班,男耕女桑不相失;宫中圣人奏云门,天下朋友皆胶漆;百余年间未灾变,叔孙礼乐萧何律。岂闻一绢直万钱,有田种谷今流血;洛阳宫殿烧焚尽,宗庙新除狐兔穴。伤心不忍问耆旧,复恐更从乱离说。……(《忆昔》)

这都是他遭值乱离所现的情感。集中这一类,多到了不得,这不过随意摘几首。前两首是遭乱的当时作的,后一首是过后追想的。后人都恭维他的诗是诗史;但我们要知道他的诗史,每一句每一字都有个"杜甫"在里头。

死别已吞声,生别常恻恻。江南瘴疠地,逐客无消息。
故人入我梦,明我长相忆。恐非平生魂,路远不可测。
魂来枫林青,魂返关塞黑。君今在罗网,何以有羽翼。
落月满屋梁,犹疑照颜色。水深波浪阔,毋使蛟龙得。
(《梦李白》)

这是他梦见他流在夜郎的朋友李白,梦后写的情感。他是个最多情的人,对于好些朋友都有诗表示热爱,这首不过其一。他对于自己身世和家族,自然用情更真切了。试举他几首。

(1)

……老妻寄异县,十口隔风雪。谁能久不顾,庶往共饥渴。

入门闻号咷,幼子饿已卒。吾宁舍一哀,里巷亦呜咽。

所愧为人父,无食致夭折。……(《自京赴奉先咏怀》)

(2)

去年潼关破,妻子隔绝久。今夏草木长,脱身得西走。

麻鞋见天子,衣袖露两肘。朝廷愍生还,亲故伤老丑。……

寄书问三川,不知家在否?比闻同罹祸,杀戮到鸡狗。

山中漏茅屋,谁复依户牖?摧颓苍松根,地冷骨未朽。

几人全性命,尽室岂相偶?……自寄一封书,今已十月后;

反畏消息来,寸心亦何有。……(《述怀》)

(3)

长镵长镵白木柄,我生托子以为命!黄独无苗山雪盛,短衣数挽不掩胫。此时与子空归来,男呻女吟四壁静。呜呼!二歌兮歌始放,邻里为我色惆怅。有弟有弟在远方,三人各瘦何人强?生别展转不相见,胡尘暗天道路长。前飞驾鹅后鹜鸽,得送我置汝旁。呜呼!三歌分歌三发,汝归何处收兄骨!

有妹有妹在钟离,良人早没诸孤痴。长淮浪高蛟龙怒,十年不见来何时。扁舟欲往箭满眼,杳杳南国多旌旗。呜呼!四歌分歌四奏,林猿为我啼清昼。(《同谷七歌》中三首)

读这些诗,他那浓挚的爱情,隔着一千多年,还把我们包围不放哩。那《述怀》里头,"反畏消息来"一句,真深刻到十二分;那《七歌》里头"长镵"一首,意境峭入,这些地方,我们应该看他的特别技能。

他常常用很直率的语句来表情。举他一个例:

忆年十五心尚孩,健如黄犊走复来。庭前八月梨枣熟,一日上树能十回。即今年才五六十,坐卧只多少行立。强将笑语供主人,悲见生涯百忧集。入门依旧四壁空,老妻睹我颜色同。痴儿未知父子礼,叫怒索饭啼门东。(《百忧集行》)

用近体来写这种蟠薄郁积的情感本来极不易,这种门庭,可以说是他一个人开出。我最喜欢他《喜达行在所》三首里头那第三首的头两句。

死去凭谁报,归来始自怜。

仅仅十个字,把那虎口余生过去现在的甜酸苦辣一齐迸出。我真不晓得他有多大笔力。此外好的很多,凭我记忆最熟的背他几首。

(1)
国破山河在,城春草木深。感时花溅泪,恨别鸟惊心。
烽火连三月,家书抵万金。白头搔更短,浑欲不胜簪。

(2)
带甲满天地,胡为君远行。亲朋尽一哭,鞍马去孤城。……

(3)
亦知戍不返,秋至拭清砧。已近苦寒月,况经长别心。
宁辞捣熨倦,一寄塞垣深。用尽闺中力,君听空外音。

(4)
今夜鄜州月,闺中只独看。遥怜小儿女,未解忆长安。
香雾云鬟湿,清辉玉臂寒。何时倚虚幌,双照泪痕干。

(5)
野老篱前江岸回,柴门不正逐江开。渔人网集澄潭下,估客船从返照来。
长路关心悲剑阁,片云何意傍琴台。王师未报收东郡,城阙秋生画角哀。

(6)
岁暮阴阳催短景,天涯霜雪霁寒宵。五更鼓角声悲壮,三峡星河影动摇。

野哭千家闻战伐,夷歌几处起渔樵。卧龙跃马终黄土,人事音书漫寂寥。

他的表情方法,可以说是《鸱鸮》诗或《黍离》诗那一路,不是《小弁》诗那一路,和楚辞更是不同。他向来不肯用语无伦次的表现法。他所表现的情,是越引越深,越捴越紧。我想这或是时代色彩。到中古以后,那"小弁风"的堆垒表情法,怕不好适用,用来也很难动人了。至于那吞咽式,他却常用,《梦李白》那首,便是这一式的代表。但杜诗到底是曼声的比促节的好。

工部表情的好诗,绝不止前头所举的这几首(无论古近体)。我既不是做古诗的选本,只好从略。还有些属于别种表情法,下文另讲。但我们要知道,这种表情法可以说是杜工部创作,最少亦要说到了他才成功。所以他在我们文学界占的位置,实在不同寻常。同时高、岑、王、李那些大家,都不能和他相提并论。后来这种表情法,虽然好的作品不少,都是受他影响,恕我不征引了。

别的我虽然打定主意不征引。独有元微之悼亡的七律三首,我不能不征引。因为他是这一类的表情法,却是杜工部以外的一种创作。

谢公最小偏怜女，自嫁黔娄百事乖。顾我无衣搜荩箧，泥他沽酒拔金钗。野蔬充膳甘长藿，落叶添薪仰古槐。今日俸钱过十万，与君营奠复营斋。

昔日戏言身后事，今朝都到眼前来。衣裳已施行看尽，针线犹存未忍开。尚想旧情怜婢仆，也曾因梦送钱财。诚知此恨人人有，贫贱夫妻百事哀。

闲坐悲君亦自悲，百年多是几多时。邓攸无子寻知命，潘岳悼亡犹费辞。同穴窅冥何所望，他生缘会更难期。惟将终夜常开眼，报答平生未展眉。

这三首诗所表的情感之浓挚，古人后人都有的。但他用白话体来作律诗，在极局促的格律底下，赤裸裸把一团真情捧出，恐怕连杜老也要让他出一头地哩。

五

回荡的表情法，用来填词，当然是最相宜。但向来词学批评家，还是推尊蕴藉，对于热烈盘礴这一派，总认为别调。我对于这两派，也不能偏有抑扬（其实亦不能严格的分别）。但把回肠荡气的名作，背几阕来当代表。

初期的大词家当然推李后主。他是一位"文学的亡国之君"，有极悲痛的情感，却不敢公然暴露，自然要用一种蟠郁顿挫的方式表他，所以最好。他代表的作品是：

（1）

春花秋月何时了！往事知多少；小楼昨夜又东风，故国不堪回首月明中。

雕阑玉砌应犹在，只是朱颜改。问君能有几多愁，恰似一江春水向东流。（《虞美人》）

（2）

帘外雨潺潺，春意阑珊。罗衾不耐五更寒。梦里不知身是客，一晌贪欢。

独自莫凭阑；无限江山，别时容易见时难。流水落花春去也，天上人间。（《浪淘沙》）

这两首词音节上虽然仍带含蓄，也算得把满腔愁怨尽情发泄了。所以宋太祖看见，竟自赐他牵机药，要他的命。

宋徽宗的身世，和李后主一样，他有一首《燕山亭》，写得亦是这一类情感；但用的是吞咽式，觉得分外凄切。今录他下半阕：

凭寄离恨重重，这双燕何曾会人言语。天遥地远，万水千山，知他故宫何处。怎不思量，除梦里有时曾去。无据，和梦也新来不做！

词中用回荡的表情法用得最好的,当然要推辛稼轩。稼轩的性格和履历,前头已经说过。他是个爱国军人,满腔义愤,都拿词来发泄。所以那一种元气淋漓,前前后后的词家都赶不上。他最有名的几首是:

(1)

更能消几番风雨,匆匆春又归去。惜春长怕花开早,何况落红无数。春且住,见说道天涯芳草无归路。怨春不语,算只有殷勤,画檐蛛网,尽日惹飞絮。

长门事,准拟佳期又误。蛾眉曾有人妒。千金纵买相如赋,脉脉此情谁诉。君莫舞,君不见玉环飞燕皆尘土?闲愁最

◎《坐看云起》 宋 夏圭

苦。休去倚危阑,斜阳正在,烟柳断肠处。(《摸鱼儿》)

(2)

野塘花落,又匆匆过了清明时节。划地东风欺客梦,一枕云屏寒怯。曲岸持觞,垂杨系马,此地曾经别。楼空人去,旧游飞燕能说。

闻道绮陌东头,行人长见,帘底纤纤月。旧恨春江流不尽,新恨云山千叠。料得明朝,尊前重见,镜里花难折。也应惊问,近来多少华发。(《念奴娇》)

(3)

绿树听啼鴂。更那堪杜鹃声住,鹧鸪声切。啼到春归无啼处,苦恨芳菲都歇。算来抵人间离别。马上琵琶关塞黑,更长门翠辇辞金阙。看燕燕,送归妾。

将军百战身名裂,向河梁回头万里,故人长绝。易水萧萧西风冷,满座衣冠似雪。正壮士悲歌未彻。啼鸟还知如许恨,料不啼清泪长啼血。谁伴我,醉明月。(《贺新郎》)

凡文学家多半寄物托兴,我们读好的作品原不必逐首逐句比附他的身世和事实。但稼轩这几首有点不同,他与时事有关,是很看得出来。大概都是恢复中原的希望已经断绝,发出来的感慨。《摸鱼儿》里头"长门""蛾眉"等句,的确是对于宋高宗不肯奉迎二帝下诛心之论。所以《鹤林玉露》批评他,说"斜杨烟柳"之句在汉唐时定当贾祸。又说:高宗看见这词,很不高兴。但终不肯加罪,可谓盛德。诗人最喜欢讲怨而不怒,像稼轩这词算是怨而怒了。《念奴娇》那首,题目是《书东流村壁》,正是徽、钦北行经过的地方,所以把他的"旧恨新恨"一齐招惹出来。《贺新郎》那首,是和他兄弟话别之作,自然把他胸中垒块尽情倾吐。所以这三首都是有"本事"藏在里头,不能把他当一般伤春伤别之作。

前两首都是千回百折,一层深似一层,属于我所说的螺旋式。后一首却是堆垒式,你看他一起手硬绷绷的举了三个鸟名,中间错错落落引了许多离别的故事,全是语无伦次的样子,却是在极倔强里头,显出极妩媚。三百篇、楚辞以后,敢用此法的,我就只见这一首。

这一派的词,除稼轩外,还有苏东坡、姜白石都是大家。苏辛同派,向来词家都已公认。我觉得白石也是这一路,他的好处,不在微词而在壮采。但苏、姜所处的地位与辛不同,辛词自然格外真切,所以我拿他来做这一派的代表。

稼轩的词风,不甚宜于吞咽式;但里头也有好的。如:

宝钗分,桃叶渡,烟柳暗南浦。怕上层楼,十日九风雨。断肠点点飞红,都无人管,倩谁劝流莺声住?

鬓边觑,试把花卜归期,才簪又重数。罗帐灯昏,哽咽梦中语:是他春带愁来,春归何处?却不解带将愁去。(《祝英台近》)

这首很有点写出幽咽的情绪了，但仍是曼声，不是促节。促节的圣手要推周清真，其次便数柳耆卿。各录他的代表作品一首。

（1）

柳阴直，烟里丝丝弄碧。隋堤上曾见几番，拂水飘绵送行色。登临望故国，谁识，京华倦客。长亭路年去岁来，应折柔条过千尺。

闲寻旧踪迹，又酒趁哀弦，灯照离席。梨花榆火催寒食。愁一剪风快，半篙波暖，回头迢递便数驿。望人在天北。

凄恻，恨堆积。渐别浦萦回，津堠岑寂。斜阳冉冉春无极。念月榭携手，露桥闻笛。沉思前事，似梦里，泪暗滴。（《兰陵王》，清真）

（2）

寒蝉凄切，对长亭晚，骤雨初歇。都门帐饮无绪，正留恋处，兰舟催发。执手相看泪眼，竟无语凝咽。念去去千里，烟波暮霭，沉沉楚天阔。

多情自古伤离别，更那堪冷落清秋节。今宵酒醒何处？杨柳岸晓风残月。此去经年，应是良辰好景虚设。便总有千种风情，待与何人说？（《雨霖铃》，耆卿）

这两首算得促节的模范。读起来一个个字都是往嗓子里咽。当时有人拿耆卿的"晓风残月"和东坡的"大江东去"比较，估算两家品格的高下，其实不对。我们应该问那一种情感该用那一种方式。

吞咽式用到最刻入的，莫如李清照女士的《壶中天慢》和《声声慢》，今录他一首：

寻寻觅觅，冷冷清清，凄凄惨惨切切。乍暖还寒时候，最难将息。三杯两盏淡酒，怎敌他晓来风急？雁过也，正伤心，却是旧时相识。

满地黄花堆积，憔悴损，如今有谁堪摘。守着窗儿，独自怎生得黑。梧桐更兼细雨，到黄昏点点滴滴。这次第，怎一个愁字了得！（《声声慢》）

清照是当时金石学家赵明诚的夫人。他们夫妇学问都好，爱情浓挚。可惜明诚早死，清照过了半世寡妇的生涯。他这词，是写从早至晚一天的实感，那种茕独凄惶的景况，非本人不能领略，所以一字一泪，都是咬着牙根咽下。

还有一位不是词家的陆放翁，却有一首吞咽式的好词。

红酥手，黄藤酒，满城春色宫墙柳。东风恶，欢情薄，一怀愁绪，几年离索。错错错！

春如旧，人空瘦，泪痕红浥鲛绡透。桃花落，闲池阁，山

盟虽在，锦书难托。莫莫莫！（《钗头凤》）

读这首词要知道他的本事。原来放翁夫人是他母族的表妹，结婚后不晓得为什么，他老太太发起脾气来，逼他们离婚。后来两个人都各自改婚了，但爱情总是不断。有一天放翁在一个地方，名叫沈园，碰着他故妻，情感刺激到了不得，所以填这首词。后来直到六七十岁，每入城一次总到沈园落一回眼泪。晚年还有一首诗："梦断香销四十年，沈园花老不飞绵。此身行作稽山土，犹吊遗踪一怅然。"这是和《孔雀东南飞》同性质的一出悲剧，所以他这词极能动人。

清朝好词不少。内中最特别的，算顾梁汾（贞观）寄吴汉槎的两首。

季子平安否？便归来，生平万事，那堪回首。行路悠悠谁慰藉，母老家贫子幼。记不起从前杯酒。魑魅搏人应见惯，料输他覆雨翻云手。冰与雪，周旋久。

泪痕莫滴牛衣透。数天涯依然骨肉，几家能彀？比似红颜多薄命，争不如今还有？只绝塞苦寒难受！廿载包胥承一诺，盼乌头马角总相救。置此札，君怀袖。

我亦飘零久。十年来，深恩负尽，死生师友。宿昔齐名非忝窃，试看杜陵消瘦，曾不减夜郎僝僽。薄命长辞知己别，问人生到此凄凉否？千万恨，为君剖。

兄生辛未吾丁丑。共些时冰霜摧折,早衰蒲柳。词赋从今须少作,留取心魂相守。但愿得河清人寿。归日急翻行戍稿,把虚名料理传身后。言不尽,观顿首。(《贺新郎》)

这两首和元微之那三首悼亡,算得过去文学界的双绝。他是"三板一眼"唱得出来的一封信,以体裁论,已算创作。他的好处全在句句都是实感,没有浮光掠影的话。有点子血性的人,读了不能不感动。后来成容若用尽力量把吴汉槎救回,全是受了这两首词的刺激。容若赠梁汾的《贺新郎》末几句:"绝塞生还吴季子,算眼前此外皆闲事。知我者,梁汾耳。"就是这两首词结束的历史。所以我说情感是一种催眠术。

清代大词家固然很多,但头两把交椅,却被前后两位旗人——成容若、文叔问占去,也算奇事!容若的词,自然以含蓄蕴藉的小令为最佳。但我们要知道这个人有他特别的性格。他是当时一位权相明珠的儿子,是独一无二的一位阔公子,他父母又很钟爱他;就寻常人眼光看来,他应该没有什么不满足。他不晓为什么,总觉得他所处的环境是可怜的。他的夫人早死,算是他极惨痛的一件事,但不能便认为总原因;说他无病呻吟,的确不是。他受不过环境的压迫,三十多岁便死了。所以批评这个人只能用两句旧话,说:"古之伤心人,别有怀抱。"他的文学,常常表现出这种狂热的怪性。我们试背他几首。

◎《雪景寒林图》 宋 范宽

（1）

辛苦最怜天上月：一昔如环，昔昔都成玦。若似月轮终皎洁，不辞冰雪为卿热。

无那尘缘容易绝，燕子依然，软踏帘钩说。唱罢秋坟愁未歇，春丛认取双飞蝶。(《蝶恋花》)

（2）

如今才道当时错，心绪低迷；红泪偷垂，满眼春风百事非。

情知此后来无计，强说欢期；一别如斯，落尽梨花月又西。(《采桑子》)

像这类的作品，真所谓"哀乐无端"，情感热烈到十二分，刻入到十二分。许多人说《红楼梦》的宝玉，写的就是成容若；我们虽然不愿意轻率附会，但容若的奇情，只怕有点像宝玉哩。

文叔问的词格，很近稼轩、白石，但幽咽的作品，比他们多；此老怕要算填词界最后的一个名家了。他的名作，我不大背得出，只记得几句：

"……延伫，销魂处，早漏泄幽盟，隔帘鹦鹉。残花过影，镜中情事如许。西风一夜惊庭绿，问天上人间见否？……"(《月下笛》)

题目是《戊戌八月十三日宿王御史宅闻邻笛》,咏的是戊戌政变时事。"隔帘鹦鹉"指袁世凯泄漏我们的秘密;"一夜惊庭绿"等语,很表得出当时社会一般人对于这件事的情感。

此外宋、清两代这类表情法的好词还很多,我所举的也不能都算得代表的作品,不过凭我记得的背背罢了。

曲本里头,用回荡表情法用得好的很不少。《西厢记》《琵琶记》里头就有好些,可惜我背不出来。我脑子里头印得最深的,是《牡丹亭》的《寻梦》。

最撩人春色是今年。少什么高就低来粉画垣。原来春心无处不飞悬。哎!睡荼蘼抓住了裙衩线,恰便是花似人心向好处牵。

为什呵玉真重溯武陵源?也则为水点花飞在眼前。是天公不费买花钱;则咱人心上有啼红怨。唉!孤负了春三二月天。

……

偶然间,心似缱,梅树边。这般花花草草由人恋;生生死死随人愿;便酸酸楚楚无人怨。……

……一时间望一时间望眼连天,忽忽地伤心自怜。知怎生,情怅然;知怎生,泪暗悬。

春归人面,整相看,无一言。我待要折我待要折的那柳枝儿问天,我如今悔我如今悔不与题笺。……

为我慢归休缓留连。听听这不如归春暮天。难道我再难道我再到这亭园,则挣的个长眠和短眠。……

像这种文学,不晓得怎么样的沁人心脾。像我们这种半百岁数的人,自信得过不会偷闲学少年,理会什么闲愁闲恨,却是一日念他百回也不厌。

其次便是《长生殿》的《弹词》。他写李龟年流落江南,带着个琵琶卖技换饭吃,一面弹,一面唱出那种今昔兴亡之感。那龟年初出台唱的是:

不提防余年值乱离,逼拶得歧路遭穷败!受奔波,风尘颜面黑;叹衰残,霜雪鬓须白。今日个流落天涯,只留得琵琶在!……

跟着唱完了十几段,那听的人觉得他形迹蹊跷,苦苦盘问他是谁。他让人瞎猜了一大堆,才自己说明来历道:

俺只为家亡国破兵戈沸,因此上孤身流落在江南地。……您官人絮叨叨苦问俺为谁,则俺老伶工名唤龟年身姓李。

中间唱的那十几段,段段都好,尤为精采的是写马嵬坡兵变那一段:

恰正好呕呕哑哑霓裳歌舞，不提防扑扑突突渔阳战鼓。划地里出出律律纷纷攘攘奏边书，急得个上上下下都无措。早则是喧喧嗾嗾惊惊遽遽仓仓卒卒挨挨拶拶出延秋西路，銮舆后携着个娇娇滴滴贵妃同去。又只见密密匝匝的兵恶恶狠狠的话闹闹吵吵轰轰骎骎四下喧呼，生逼散恩恩爱爱疼疼热热帝王夫妇。霎时间画就这一幅惨惨凄凄绝代佳人绝命图。

这种文学，不是曲本不能有。他的刺激性，比杜工部的《哀江头》、白香山的《长恨歌》，只怕还要强几倍哩！那整出的结构，像神龙天矫，非全读看不出来。

凡长篇的写情韵文，煞尾总须用些重笔，像特别拿电气来震荡几下，才收束得住。如《离骚》讲了许多漫游宽解的话，最后几句是：

陟升皇之赫戏兮，忽临睨乎旧乡。仆夫悲余马怀兮，蜷局顾而不行。

《招魂》说了一大堆及时行乐的话，最后几句是：

皋兰被径兮斯路渐；湛湛江水兮上有枫；目极千里兮伤春心。魂兮归来哀江南。

都是用这种方法,把全篇增几倍精采。曲本里头得这诀窍的,要算《桃花扇》最后《余韵》那出的《哀江南》。

(1)山松野草带花挑,猛抬头秣陵重到!残军留废垒,瘦马卧空壕。村郭萧条,城对着夕阳道。

(2)野火频烧,护墓长楸多半焦;田羊群跑,守陵阿监几时逃。鸽翎蝠粪满堂抛,枯枝败叶当阶罩。谁祭扫?牧儿打碎龙碑帽。

(3)横白玉八根柱倒,堕红泥半堵墙高。碎琉璃瓦片多,烂翡翠窗棂少。舞丹墀燕雀常朝,直入宫门一路蒿,住几个乞儿饿殍。

◎《明妃出塞》 明　仇英

（4）问秦淮旧日窗寮，破纸迎风，坏槛当潮。目断魂销，当年粉黛，何处笙箫？罢灯船端阳不闹，收酒旗重九无聊。白鸟飘飘，绿水滔滔，嫩黄花有些蝶飞，瘦红叶无个人瞧。

（5）你记得跨青溪半里桥，旧长板没一条。秋水长天人过少。冷清清的落照，剩一树柳弯腰。

（6）行到那旧院门何用轻敲，也不怕小犬哞哞。无非是断井颓巢，不过些砖苔砌草。手种的花条柳梢，尽意儿采樵。这黑灰是谁家的厨灶？

（7）俺曾见金陵玉树莺啼晓，秦淮水榭花开早，谁知道容易冰消。眼看他起朱楼，眼看他宴宾客，眼看他楼塌了。这青苔碧瓦堆，俺曾睡风流觉。将五十年兴亡看饱。那乌衣巷不姓王，莫愁湖鬼夜哭，凤凰台栖枭鸟。残山梦最真，旧境丢难掉。不信这舆图换稿，诌一套《哀江南》，放悲声唱到老。

《桃花扇》是明末南京的历史剧，借秦淮河里头几个人物写兴亡之感。末后这一出《余韵》，把几位遗老扮作渔翁樵夫，发他们的感慨。《哀江南》这一首，是那樵夫唱的，是全剧的收场；所以把全剧关系地点，逐一描写他的现状，作个总结。第一段写南京城，第二段写孝陵，第三段写皇宫，都是亡国后公共的悲感。第四段写秦淮，第五段写河上的长桥，第六段写河那边的旧院（当时冶游胜处），都是剧中人物怅触旧游的特别悲感。第七段是把各种情感归拢起来，带血带泪，尽情倾吐,真所谓"悲歌当哭"了。有了这出,能把剧中情节件件都再现一番,令他印象更深。

这种表情法,是文学上最通用的,我们中国人也用得很精熟,能够尽态极妍。我们从三百篇起到曲本止,把那代表的名作比较比较,也看得出进化的线路。

六

我讲完了回荡写情法,要附带论着一件事。

我们的诗教,本来以温柔敦厚为主,完全表示诸夏民族特性,三百篇就是唯一的模范。楚辞是南方新加入之一种民族的作品。他们已经同化于诸夏,用诸夏的文化工具来写情感,搀入他们固有思想中那种半神秘的色彩,于是我们文学界添出一个新境界。汉人本来不长于文学,所以承袭了三百篇、楚辞这两份大遗产,没有什么变化扩大。到了"五胡乱华"时候,西北方有好几个民族加进来,渐渐成了中华民族的新分子;他们民族的特性,自然也有一部分溶化在诸夏民族性的里头,不知不觉间,便令我们的文学顿增活气。这是文学史上很重要的关键,不可不知。

这种新民族特性,恰恰和我们的温柔敦厚相反,他们的好处,全在伉爽真率。三百篇里头,只有秦风的《小戎》《驷骥》《无衣》诸篇,很有点伉爽真率气象,这就是西戎系的秦国民族性和诸夏不同处;可惜春秋以后,秦国的文学作品,没有一篇流传。燕赵古称多慷慨悲歌之士，文学总应该有异采；可惜除了《易水歌》之外，也看不着第二首。到五胡南北朝时候，西北蛮族，纷纷侵入，内中以鲜卑人为最强盛。鲜卑人在诸蛮族中，文化像是最高，后来同化于我们也最速。他们像很爱文学和音乐，唐代流传的"马上乐"，什有九都出鲜卑。他们初初学会中国话，用中国文字表他情感，完全现出异样的色彩。试写他几首：

上马不捉鞭，反折杨柳枝。蹀座吹长笛，愁杀行客儿。
腹中愁不乐，愿作郎马鞭。出入擐郎臂，蹀座郎膝边。
放马两泉泽，忘不着连羁。担鞍逐马走，何得见马骑。
遥看孟津河，杨柳郁婆娑。我是虏家儿，不解汉儿歌。
健儿须快马，快马须健儿。跶跋黄尘下，然后别雄雌。
（《折杨柳歌》）
男儿欲作健，结伴不须多。鹞子经天飞，群雀两向波。
放马大泽中，草好马着膘。牌子铁裲裆，鉒铩鹨尾条。
前行看后行，齐着铁裲裆。前头看后头，各着铁鉒铩。
男儿可怜虫，出门怀死忧。尸丧狭谷中，白骨无人收。
（《企喻歌》）
新买五尺刀，悬着中梁柱。一日三摩挲，剧于十五女。
客行依主人，愿得主人强。猛虎依深山，愿得松柏长。
（《琅琊王歌》）

慕容攀墙视,吴军无边岸。我身分自当,柱杀墙外汉。
慕容愁愤愤,烧香作佛会。愿作墙里燕,高飞出墙外。
(《慕容垂歌》)

可怜白鼻䮷,相将入酒家。无钱但共饮,画地作交赊。
何处碟䱉来,两颊色如火。自有桃花容,莫言人劝我。
(《高阳乐人歌》)

李波小妹字雍容,褰裙逐马如转蓬,左射右射必叠双。女子尚如此,男子安可逢。
(《李波小妹歌》)

读这几首,可以大略看出他们"虏家儿"是怎么个气象了。他们生活是异常简单,思想是异常简单,心直口直,有一句说一句;他们的情感是"没遮拦"的。你说他好也罢,说他坏也罢,总是把真面孔搬出来。别的且不管他,专就男女两性关系而论,也看出许多和从前文学态度不同的表现。试举他几首:

青青黄黄,雀石颓唐。槌杀野牛,押杀野羊。
驱羊入谷,白羊在前。老女不嫁,蹋地唤天。
侧侧力力,念郎无极。枕郎左臂,随郎转侧。
摩捋郎须,看郎颜色。郎不念女,各自努力。(《地驱歌》)

烧火烧野田，野鸭飞上天。童男娶寡妇，壮女笑杀人。（《紫骝马歌》）

谁家女子能行步，反着夹骡后裙露。天生男女共一处，愿得两个成翁姬。

华阴山头百丈井，下有流水彻骨冷。可怜女子能照影，不见其余见斜领。

黄桑柘屐蒲子履，中央有丝两头系。小时怜母大怜婿，何不早嫁论家计。（《捉搦歌》）

像这种毫不隐瞒毫不扭捏的表情，在三百篇和汉魏人五言诗里头，绝对的找不出来。这些都是北朝文学；试拿来和并时的南朝文学比较，像那有名的《子夜》《团扇》《懊侬》《青溪》《碧玉》《桃叶》各歌曲，虽然各有各的妙处；但前者以真率胜，后者以柔婉胜，双方的分野，显然可见。

经南北朝几百年民族的化学作用，到唐朝算是告一段落。唐朝的文学，用温柔敦厚的底子，加入许多慷慨悲歌的新成分，不知不觉，便产生出一种异彩来。盛唐各大家，为什么能在文学史上占很重的位置呢？他们的价值，在能洗却南朝的铅华靡曼，参以伉爽真率，却又不是北朝粗犷一路。拿欧洲来比方，好像古代希腊罗马文明，搀入些森林里头日耳曼蛮人色彩，便开辟一个新天地。试举几位代表作家的作品，如李太白的：

金尊清酒斗十千，玉盘珍羞直万钱。停杯投箸不能食，拔剑四顾心茫然。欲渡黄河冰塞川，将登太行雪满天。闲来垂钓碧溪上，忽复乘舟梦日边。行路难，行路难！多歧路，今安在？长风破浪会有时，直挂云帆济沧海！（《行路难》）

杜工部的：

朝进东门营，暮上河阳桥。落日照大旗，马鸣风萧萧。
平沙列万幕，部伍各见招。中天悬明月，令严夜寂寥。
悲笳数声动，壮士惨不骄。借问大将谁，恐是霍嫖姚。
（《后出塞》）
挽弓当挽强，用箭当用长。射人先射马，擒贼先擒王。
杀人亦有限，立国自有疆。苟能制侵陵，岂在多杀伤。
（《前出塞》）

高适的：

汉家烟尘在东北，汉将辞家破残贼。男儿本自重横行，天子非常赐颜色。……山川萧条极边土，胡骑凭陵杂风雨。战士军前半死生，美人帐下犹歌舞。大漠穷秋塞草衰，孤城落日斗兵稀。身当恩遇常轻敌，力尽关山未解围。铁衣远戍辛勤久，玉筋应啼别离后。少妇城南欲断肠，征人蓟北空回首。边庭飘

飙那可度？绝域苍茫更何有？杀气三时作阵云，寒声一夜传刁斗。……（《燕歌行》）

这类作品，不独三百篇、楚辞所无，即汉、魏、晋、宋也未曾有。从前虽然有些摹写侠客的诗，但豪迈气概，总不能写得尽致。内中鲍明远最喜作豪语，但总有点不自然。所以这种文学，可以说是经过一番民族化合以后，到唐朝才会发生。那时的音乐和美术，都很受民族化合的影响。文学自然也逃不出这个公例。

写关塞景况，寓悲壮情感，是唐以后新增的诗料（前此虽有，但不多，且不好）。词曲以缘情绮靡为主，用这种资料却不多，范文正有一首最好。

塞外秋来风景异，衡阳雁去无留意。四面边声连角起；千嶂里，长烟落日孤城闭。

浊酒一杯家万里，燕然未勒归无计。羌管悠悠霜满地；人不寐，将军白发征夫泪。（《渔家傲》）

词里头的苏辛派，自然都带几分这种色彩。内中最粗豪的，如稼轩的：

醉里挑灯看剑，醒来吹角连营。八百里分麾下炙，五十弦翻塞外声,沙场秋点兵。

马作的卢飞快,弓如霹雳弦惊。了却君王天下事,赢得生前身后名,可怜白发生。(《破阵子》)

名家的词,最粗犷的莫过刘后村,几乎全部集都是这一类的话。他最著名的一首是:

何处相逢,登宝钗楼,访铜雀台。唤厨人斫就,东溟鲸脍;围人呈罢,西极龙媒。天下英雄,使君与操,余子何堪共酒杯?车千乘,载燕南代北,剑客奇才。

酒酣鼻息如雷,谁信被晨鸡催唤回?叹年光过尽,功名未立;书生老矣,气运方来。使李将军,遇高皇帝,万户侯何足道哉?推衣起,但凄凉感旧,慷慨生哀。(《沁园春》)

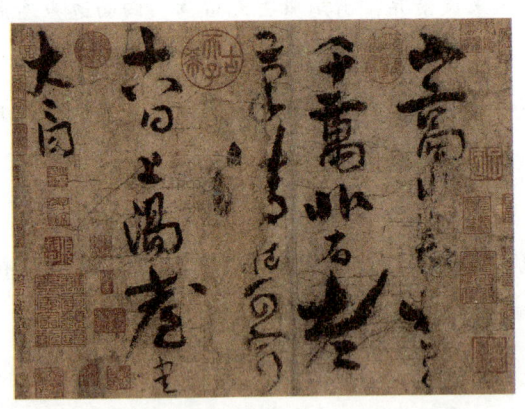

◎《上阳台帖》 唐 李白

这一派词,我本来不大喜欢,因为他有烂名士爱说大话的习气。但他确带点北朝气味,在文学史上应备一格的。

曲本里头,有一首杂剧,像是明末清初的作品,演的是"鲁智深醉打山门"。那鲁智深拜别他的师父时,唱道:

漫洒英雄泪,相离处士家。谢您慈悲剃度在莲台下;没缘法转眼分离乍。赤条条来去无牵挂。那里讨烟蓑雨笠卷单行,一任俺芒鞋破钵随缘化。

也是刻意从粗犷一面做,因为替粗犷的人表情,不如此便失真了。

七

这回讲的,是含蓄蕴藉的表情法。这种表情法,向来批评家认为文学正宗,或者可以说是中华民族特性的最真表现。这种表情法,和前两种不同。前两种是热的,这种是温的;前两种是有光芒的火焰,这种是拿灰盖着的炉炭。

这种表情法也可以分三类。第一类是情感正在很强的时候,他却用很有节制的样子去表现他,不是用电气来震,却是用温泉来浸。令人在极平淡之中,慢慢的领略出极渊永的情趣。这类作品,自然以三百篇为绝唱。如:

瞻彼日月,悠悠我思,道之云远,曷云能来!

如:

昔我往矣,杨柳依依;今我来思,雨雪霏霏。行路迟迟,载渴载饥。

如:

君子于役,不知其期。曷至哉?鸡栖于埘,日之夕矣,牛羊下来。君子于役,如之何勿思?

拿这类诗和前头几回所引的相比较,前头的像外国人吃咖啡,炖到极浓,还搀上白糖牛奶。这类诗像用虎跑泉泡出的雨前龙井,望过去连颜色也没有;但吃下去几点钟,还有余香留在舌上。他是把情感收敛到十足,微微发放点出来,藏着不发放的还有许多;但发放出来的,确是全部的灵影,所以神妙。

汉魏五言诗,以这一类为正声。如李陵的:

携手上河梁,游子暮何之。徘徊蹊路侧,悢悢不能辞。
行人难久留,各言长相思。安知非日月,弦望自有时。
努力崇明德,皓首以为期。

那神味和"瞻彼日月"一章完全相同,真算得"含毫邈然"。又如古诗十九首里头的:

迢迢牵牛星,皎皎河汉女。纤纤擢素手,札札弄机杼。
终日不成章,泣涕零如雨。河汉清且浅,相去复几许?
盈盈一水间,脉脉不得语。涉江采芙蓉,兰泽多芳草。
采之欲遗谁,所思在远道。还顾望旧乡,长路漫浩浩。
同心而离居,忧伤以终老。

这类诗都是用淡笔写浓情,算得汉人诗格的代表。后来如曹子建的:

高台多悲风,朝日照北林。之子在万里,江湖回且深。……

阮嗣宗的:

嘉时在今辰,零雨洒尘埃。临路望所思,日夕复不来。……

陶渊明的:

……情通万里外,形迹滞江山。君其爱体素,来会在何年?

谢玄晖的:

大江流日夜,客心悲未央。徒念关山近,终知返路长。……

都是这一派。汉、魏、六朝诗,这一类的好作品很多。

这一派到初唐时,变了样子:他们把这类诗改作"长言永叹"的形式,很有些长篇。但着墨虽多,依然是以淡写浓。我譬喻他好像一桌极讲究的素菜全席。有张若虚一首,可算代表作品。

春江潮水连海平,海上明月共潮生;滟滟随波千万里,何处春江无月明。江流宛转绕芳甸,月照花林皆如霰;空里流霜不觉飞,汀上白沙看不见。江天一色无纤尘,皎皎空中孤月轮;江畔何时初见月,江月何年初照人。人生代代无穷已,江月年年望相似;不知江月待何人,但见长江送流水。白云一片去悠悠,青枫江上不胜愁。谁家今夜扁舟子,何处相思明月楼。可怜楼上月徘徊,应照离人妆镜台;玉户帘中卷不去,捣衣砧上拂还来。此时相望不相闻,愿逐月华流照君。鸿雁长飞光不度,鱼龙潜跃水成纹。昨夜闲潭梦落花,可怜春半不还家。江水流天去欲尽,江潭落月复西斜。斜月沉沉藏海雾,碣石潇湘无限路;不知乘月几人归,落月摇情满江树。(《春江花月夜》)

这首诗读起来令人飘飘有出尘之想。"江畔何人初见月，江月何年初照人"，"谁家今夜扁舟子，何处相思明月楼"，这类话真是诗家最空灵的境界。全首读来，固然回肠荡气；但那音节既不是哀丝豪竹一路，也不是急管促板一路，专用和平中声，出以摇曳，确是三百篇正脉。

初唐佳作，都是这一路；虽然悲慨的情感，总用极平和的音节表他。如李峤的：

……自从天子去秦关，玉辇金舆不复还；珠帘羽帐长寂寞，鼎湖龙髯安可攀。千龄人事一朝空，四海为家此路穷；雄豪意气今何在，坛场宫馆尽蒿蓬。道旁故老长叹息，世事回环不可测；昔时青楼对歌舞，今日黄埃聚荆棘。山川满目泪沾衣，富贵荣华能几时；不见只今汾水上，唯有年年秋雁飞。（《汾阴行》）

相传唐明皇幸蜀时候，听人背这首诗，泣数行下，叹道："李峤真才子！"这种诗的品格高下，别一问题；但确是初唐代表，确是中国诗界传统的正声。后来白香山从这里一转手，吴梅村再从这里一转手，但可惜越转越卑弱。

盛唐以后，这一派自然也不断，好的作品自然也不少；但在古体里头，已经不很通用。因为五古很难出汉魏范围，七古很难出初唐范围。倒是近体很从这方面开拓境界。因为近体篇幅短，非用含蓄之笔，取弦外之音，便站不住，内中五律七绝为尤甚。唐人著名的七绝和孟、王、韦、柳的五律，都是这一派。杜工部诗虽以热烈见长，他的五律如《凉风起天末》《今夜鄜州月》《幽意忽不惬》等篇，也是这一派。

王渔洋专提倡神韵，他所标举的话，是"不着一字，尽得风流"；"羚羊挂角，无迹可寻"。虽然太偏了些，但总不能不认为诗中高调。我想，他这种主张是对的。但这类诗作得好不好，全问意境如何。我们若依然仅有三百篇汉魏初唐人的意境，任凭你运笔怎样灵妙，也不能出他们的范围；只有变成打油派，令人讨厌。我们生当今日，新意境是比较容易取得的。那么，这一派诗，我们还是要尽力的提倡。

◎《风雨归舟图页》 宋 佚名

第二类的蕴藉表情法，不直写自己的情感，乃用环境或别人的情感烘托出来。用别人情感烘托的，例如《诗经》：

陟彼冈兮，瞻望兄兮。兄曰："嗟！予弟行役，夙夜必偕；上慎旃哉，犹来无死！……"（《陟岵》）

这篇诗三章，第一章父，第二章母，第三章兄。不说他怎样的想念爷妈哥哥，却说爷妈哥哥怎样的想念他，写相互间的情感，自然加一层浓厚。

用环境烘托的，例如《诗经》：

我徂东山，慆慆不归；我来自东，零雨其濛。
鹳鸣于垤，妇叹于室；洒扫穹窒，我征聿至。
有敦瓜苦，烝在栗薪；自我不见，于今三年。（《东山》）

且不说回家会着家人的情况，但对一件极琐碎的事物——柴堆上头一棚瓜说："咱们违教三年了。"言外的感慨，不知有多少。

古乐府《孔雀东南飞》，最得此中三昧。兰芝和焦仲卿言别，该篇中最悲惨的一段，他却悲呀泪呀……不见一个字。但说：

妾有绣腰襦,葳蕤自生光;红罗复斗帐,四角垂香囊;

箱奁六七十,绿碧青丝绳;物物各自异,种种在其中。

人贱物亦鄙,不足迎新人;留待作遗施,于今无会因。……
(古诗《为焦仲卿妻作》)

专从纪念物上头讲,用物来做人的象征;不说悲,不说泪,倒比说出来的还深刻几倍。到别小姑时,却把悲情尽地发泄了。

却与小姑别,泪落连珠子:"新妇初来时,小姑始扶床;

今日被驱遣,小姑如我长。勤心养公姥,好自相扶将。

初七及下九,嬉戏莫相忘。"……(同上)

兰芝的眼泪,不向丈夫落,却向小姑落。和小姑说话,不说现时的凄惨,只叙过去的情爱;没有怨恨话,只有宽慰和劝勉的话。只这一段,便能把兰芝极高尚的人格极浓厚的爱情,全盘涌现出来。

后来用这类表情法,也是杜工部最好。如他的《羌村》三首:

峥嵘赤云西,日脚下平地。柴门鸟雀噪,归客千里至。

妻孥怪我在,惊定还拭泪。世乱遭飘荡,生还偶然遂。

邻人满墙头,感叹亦歔欷。夜阑更秉烛,相对如梦寐。

晚岁迫偷生，还家少欢趣。娇儿不离膝，畏我复却去。
忆昔好追凉，故绕池边树。萧萧北风劲，抚事煎百虑。
赖知禾黍收，已觉糟床注。如今足斟酌，且用慰迟暮。
群鸡正乱叫，客至鸡斗争。驱鸡上树木，始闻叩柴荆。
父老四五人，问我久远行。手中各有携，倾榼浊复清。
苦辞酒味薄，黍地无人耕；兵革既未息，儿童尽东征。
请为父老歌，艰难愧深情。歌罢仰天叹，四座泪纵横。

这三首实写自己情感的地方很少（第二首有"少欢趣""煎百虑"等语，在三首中这首却是次一等）。只是说日怎么样，云怎么样，鸟怎么样，鸡怎么样，老妻怎么样，儿子怎么样，邻居怎么样，合起来他所谓"死去凭谁报，归来始自怜"的情感，都表现出了。

还有《北征》里头的一段，也是这种笔法。

……况我堕胡尘，及归尽华发。经年至茅屋，妻子衣百结。
……平生所娇儿，颜色白胜雪；见耶背面啼，垢腻脚不袜。
床前两小女，补绽才过膝；海图坼波涛，旧绣移曲折；
天吴及紫凤，颠倒在裋褐。……那无囊中帛，救汝寒凛栗。
粉黛亦解苞，衾绸稍罗列。瘦妻面复光，痴女头自栉；
学母无不为，晓妆随手抹；移时施朱铅，狼籍画眉阔。……
问事竞挽须，谁能即嗔喝。……

这种诗所用表情技术,可以说和《陟岵》同一样。不写自己情感,专写别人情感。写别人情感,专从极琐末的实境表出,这一点又是和《东山》同样。这一类诗,我想给他一个名字,叫作"半写实派"。他所写的事实,是用来做烘出自己情感的手段,所以不算纯写实;他所写的事实,全用客观的态度观察出来,专从断片的表出全相,正是写实派所用技术,所以可算得半写实。

第三类蕴藉表情法,索性把情感完全藏起不露,专写眼前实景(或是虚构之景),把情感从实景上浮现出来。这种写法三百篇中很少,勉强举个例。如:

春日载阳,有鸣仓庚。女执懿筐,遵彼微行,爰求柔桑。春日迟迟,采蘩祁祁。女心伤悲,殆及公子同归。(《七月》)

◎《豳风图卷·东山》 宋 马和之

这是专从节物上写那种和乐融泄的景象，作者的情绪，自然跟着表现出来。

但这首还有人在里头，带着写别人的情感，不能纯粹属于此类。此类的真正代表，可以举出几首。其一，曹孟德的：

东临碣石，以观沧海。水何澹澹，山岛竦峙。
树木丛生，百草丰茂。秋风萧瑟，洪波涌起。
日月之行，若出其中；星汉粲烂，若出其里。（《观沧海》）

这首诗仅仅写映在他眼中的海景。他自己对着这景有什么怅触，一个字未尝道及。但我们读起来，觉得他那宽阔的胸襟，豪迈的气概，一齐流露。

北齐有一位名将斛律光，是不识字的；有一天皇帝在殿上要各人做诗，他冲口做了一首，便成千古绝唱。那诗是：

敕勒川，阴山下，天似穹庐，笼盖四野。天苍苍，野茫茫，风吹草低见牛羊。（《敕勒歌》）

这诗是独自一个人骑匹马在万里平沙中所看见的宇宙。他并没说出有什么感想。我们读过去，觉得有一个粗豪沉郁的人格活跳出来。

阮嗣宗《咏怀》里头有一首：

独坐空堂上，谁可与欢者？出门临永路，不见行车马；登高望九州，悠悠分旷野。孤鸟西北飞，离兽东南下。日暮思亲友，晤言用自写。

这首诗一起一结，虽然也轻轻的点出他的情感。但主要处全在中间几句，从环境上写出那种百无聊赖哀乐万端的情绪，把那位哭穷途的先生全副面孔活现出来。

杜工部用这种表情法也用得最好，试举他两首。

竹凉侵卧内，野月满庭隅。重露成涓滴，稀星乍有无。暗飞萤自照，水宿鸟相呼。万事干戈里，空悲清夜徂。
(《倦夜》)

这首诗题目是《倦夜》。看他前面仅仅三十个字，从初夜到中夜到后夜，初时看见月、看见露，月落了看见星、看见萤，天差不多亮了听见水鸟，写的全是自然界很微细的现象，却是通宵睡不着很疲倦的人才能看出。那"倦"的情绪，自在言外，末两句一点便够。又：

风急天高猿啸哀，渚清沙白鸟飞回。无边落木萧萧下，不

尽长江滚滚来。……（《登高》）

这首是工部最有名的七律，小孩子都读过的。假令我们当作没有读过，掩住下半首，闭眼想一想情形，谁也该想得到是在长江上游——四川湖北交界地方秋天一个独客登高时候所见的景物。底下"万里悲秋常作客，百年多病独登台"那两句，不过章法结构上顺手一点，其实不用下半首，已经能把全部情绪表出。

须知这类诗和单纯写景诗不同。写景诗以客观的景为重心，他的能事在体物入微；虽然景由人写，景中离不了情，到底是以景为主。这类诗以主观的情为重心，客观的景，不过借来做工具。试把工部的"竹凉侵卧内"和王右丞的：

万壑树参天，千山响杜鹃。山中一夜雨，树杪百重泉。……

比较，便见得王作是纯客观的，杜作是主观气分甚重。

第四类的蕴藉表情法，虽然把情感本身照原样写出，却把所感的对象隐藏过去，另外拿一种事物来做象征。这类方法，三百篇里头很少——前所举《鸱鸮》篇，可以归入这类。"山有榛隰有苓""谁能烹鱼溉之釜鬵"等篇，也带点这种气味；但属少数，且不纯粹——因为三百篇的原则，多半是借一件事物起兴，跟着便拍归本旨，像那种打灯谜似的象征法，那时代的诗人不大用他。但作诗的人虽然如此,后来读诗的人却不同了。试打开《左传》一看,当时凡有宴会都要赋诗,赋诗的人在三百篇里头随意挑选一篇借来表示自己当时所感。同一篇诗,某甲借来表这种感想,某乙也可以借来表那种感想。拿我们今日眼光看去,很有些莫名其妙。所以我说三百篇的作家没有象征派,然而三百篇久已作象征的应用。

纯象征派之成立,起自楚辞。篇中许多美人芳草,纯属代数上的符号,他意思别有所指。如《离骚》中:

览相观于四极兮,周流乎天余乃下。望瑶台之偃蹇兮,见有娀之佚女。吾令鸩为媒兮,鸩告余以不好。雄鸠之鸣逝兮,余犹恶其佻巧。心犹豫而狐疑兮,欲自适而不可。凤皇既受诒兮,恐高辛之先我。欲远集而无所止兮,聊浮游以逍遥。及少康之未家兮,留有虞之二姚。理弱而媒拙兮,恐导言之不固。世溷浊而嫉贤兮,好蔽美而称恶。……

又:

时缤纷其变易兮,又何可以淹留。兰芷变而不芳兮,荃蕙化而为茅。何昔日之芳草兮,今直为此萧艾也?……余以兰为可恃兮,羌无实而容长。委厥美以从俗兮,苟得列乎众芳。椒专佞以慢慆兮,樧又充夫佩帏。既干进而务入兮,又何芳之能祇。固时俗之从流兮,又孰能无变化。览椒兰其若兹兮,又况揭车与江蓠。……

这类话若不是当作代数符号看,那么屈原到处调情到处拈酸吃醋,岂不成了疯子?蕙会变茅,兰会变艾,天下那有这情理?太史公说得好:"其志洁,故其称物芳。"他怀抱着一种极高尚纯洁的美感,于无可比拟中,借这种名词来比拟。他既有极秾温的情感本质,用他极微妙的技能,借极美丽的事物做魂影,所以着墨不多,便尔沁人心脾。如:

惜吾不及见古人兮,吾谁与玩此芳草?(《思美人》)
沅有芷兮澧有兰,思公子兮未敢言。(《湘夫人》)
夫人自有兮美子,荪何为兮愁苦。(《少司命》)
心不同兮媒劳,恩不甚兮轻绝。(《湘君》)

这都是带一种神秘性的微妙细乐,经千百年后按奏,都能使人心弦震荡。

自楚辞开宗后,汉魏五言诗,多含有这种色彩。如《庭中有奇树》《迢迢牵牛星》等篇,乃至张平子的《四愁》,都是寄兴深微一路,足称楚辞嗣音。

中晚唐时,诗的国土被盛唐大家占领殆尽。温飞卿、李义山、李长吉诸人,便想专从这里头辟新蹊径。飞卿太靡弱,长吉太纤仄,且不必论;义山确不失为一大家。这一派后来衍为西昆体,专务挦撦词藻,受人诟病。近来提倡白话诗的人不消说是极端反对他了。平心而论,这派固然不能算诗的正宗,但就"唯美的"眼光看来,自有他的价值。如义山集中近体的《锦瑟》《碧城》《圣女祠》等篇,古体的《燕台》《河内》等篇,我敢说他能和中国文字同其运命。就中如《碧城》三首的第一首:

碧城十二曲阑干,犀辟尘埃玉辟寒。阆苑有书多附鹤,女床无树不栖鸾。星沉海底当窗见,雨过河源隔座看。若使晓珠明又定,一生长对水晶盘。

◎傅抱石　屈原

这些诗，他讲的什么事，我理会不着；拆开一句一句的叫我解释，我连文义也解不出来。但我觉得他美，读起来令我精神上得一种新鲜的愉快。须知，美是多方面的，美是含有神秘性的。我们若还承认美的价值，对于这种文学，是不容轻轻抹煞啊！

八

现在要附一段专论女性文学和女性情感。

三百篇中——尤其国风——女子作品，实在不少。如《绿衣》《燕燕》《谷风》《泉水》《柏舟》《载驰》《氓竹竿》《伯兮》《君子于役》《狡童》《褰裳》《鸡鸣》，或传说上确有作者主名，或从文义推测得出。我们因此可想见那时候女子的教育程度和文学兴味比后来高些；或者是男女社交不如后世之闭绝，所以他们的情感有发舒之余地，而且能传诵出来。内中有好几篇最能发挥女性优美特色。如：

> 黾勉同心，不宜有怒。采葑采菲，无以下体。德音莫违，及尔同死。(《谷风》)

如：

匪我愆期，子无良媒。将子毋怒，秋以为期。(《氓》)

这两首都是弃妇所作，追述从前爱情，有不堪回首之想。一种温厚肫笃之情，在几句话上全盘托出。又如：

君子于役，苟无饥渴。(《君子于役》)

伤离念远，四个字抵得千百句话。又如：

泛彼柏舟，在彼中河。髧彼两髦，实惟我仪。之死矢靡他。母也天只！不谅人只！(《柏舟》)

这首相传是卫共姜所作。父母逼他离婚，他不肯，那坚强的意志和专一肫笃的爱情都表现出来；却是怨而不怒，纯是女子身份。又如：

载驰载驱，归唁卫侯。驱马悠悠，言至于漕。大夫跋涉，我心则忧。
既不我嘉，不能旋反；视尔不臧，我思不远。既不我嘉，不能旋济；视尔不臧，我思不閟。
陟彼阿丘，言采其蝱。女子善怀，亦各有行。许人尤之，众稚且狂。

我行其野，芃芃其麦。控于大邦，谁因谁极。大夫君子，无我有尤。百尔所思，不如我所之。(《载驰》)

这首是许穆夫人所作。他是卫国女儿，卫国亡了，他要回去省视他兄弟；许国人不许他，因作此诗。一派缠绵悱恻，把女性优美完全表出。

女子很少专门文学家，不惟中国，外国亦然。想是成年以后受生理上限制所致。汉魏以来女性作品，如秦嘉妻徐淑，如班婕妤，各有一两首，都很平平。蔡文姬的《胡笳十八拍》，似是唐人所谱；《悲愤》两首，大概是真。他遭乱被掠入匈奴，是人生极不幸的遭际。他自己说：

薄志节兮念死难，虽苟活兮无形颜。

可怜他情爱的神圣，早已为境遇所牺牲了；所剩只有母子情爱，到底也保不住。他诗说：

……已得自解免，当复弃儿子。……儿前抱我颈，问"母欲何之？人言母当去，岂复有还时。阿母常仁恻，今何更不慈？我今未成人，奈何不顾思"。见此崩五内，恍惚生狂痴；号泣手抚摩，当发复回疑。……

我们读这诗,除了同情之外,别无可说。他的情爱到处被蹂躏;他所写全是变态,但从变态中还见出爱芽的实在。

窦滔妻苏蕙的《回文锦》,真假不敢断定,大约真的分数多。这个作品技术的致巧,不惟空前,或者竟可说是绝后,但太雕凿违反自然了。他说:"非我佳人(指窦滔)莫之能解。"只能算是他两口子猜谜,不能算文学正宗。若说这作品在我们文学史上有价值,只算他能够代表女性细致头脑的部分罢了。

苏伯玉妻《盘中诗》:

山树高,鸟鸣悲。泉水深,鲤鱼肥。空仓雀,常苦饥;吏人妇,会夫稀。出门望,见白衣;谓当是,而更非。还入门,中心悲。……

这首不敢断定必为女性作品,但情绪写得很好。

古乐府中有几首,不得作者主名,不知为男为女。假定若出女子,便算得汉魏间女性文学中翘楚了。如:

上山采蘼芜,下山逢故夫。长跪问故夫:"新人复何如?"
"新人虽然好,未若故人姝。颜色类相似,手爪不相如。"
新人从门入,故人从阁去。新人工织缣,故人工织素。
织缣日一匹,织素五丈余。将缣来比素,新人不如故。

又如：……夫婿从南来，斜倚西北眄。语卿"且勿眄，水清石自见"。石见何累累，远行不如归。

这类诗很表示女性的真挚和纯洁，我们若认他是女性作品，价值当不在《谷风》《氓》之下。

唐宋以后闺秀诗虽然很多，有无别人捉刀，已经待考；就令说是真，够得上成家的可以说没有。词里头算有几位。宋朱淑真的《断肠词》，李易安的《漱玉词》，清顾太清的《东海渔歌》，可以说不愧作者之林。内中唯易安杰出，可与男子争席，其余也不过尔尔。可怜我们文学史上极贫弱的女界文学，我实在不能多举几位来撑门面。

男子作品中写女性情感——专指作者替女性描写情感，不是指作者对于女性相互间情感——以楚辞为嚆矢。前段所讲"美人芳草"就是这一类。如：

君不行兮夷犹，蹇谁留兮中洲。美要眇兮宜修，沛吾乘兮桂舟。令沅湘兮无波，使江水兮安流。望夫君兮未来，吹参差兮谁思。……（《湘君》）

帝子降兮北渚，目眇眇兮愁予。嫋嫋兮秋风，洞庭波兮木叶下。……

沅有茝兮澧有兰，思公子兮未敢言。荒忽兮远望，观流水兮潺湲。……（《湘夫人》）

入不言兮出不辞，乘回风兮载云旗。悲莫悲兮生别离，乐莫乐兮新相知。荷衣兮蕙带,倏而来兮忽而逝。夕宿兮帝郊,君谁须兮云之际。与汝游兮九河,冲风至兮水扬波。与汝沐兮咸池,晞汝发兮阳之阿。……(《少司命》)

这几首都是描写极美丽极高洁的女神,我们读起来和看见希腊名雕温尼士女神像同一美感,可谓极技术之能事。这种文学优美处,不在字句艳丽而在字句以外的神味。后来模仿的很多,到底赶不上。李义山的《重过圣女祠》:

白石岩扉碧藓滋,上清沦谪得归迟。一春梦雨常飘瓦,尽日灵风不满旗。……

全从以上几首脱胎,飘逸华贵诚然可喜,但女神的情感,便不容易着一字了。

汉魏古诗,写两性间相互情爱者很多,专描女性者颇少,今不细论。六朝时南北人性格很有些不同,在他们描写女性上也可以看出。北朝写女性之美,专喜欢写英爽的姿态。如:

……好妇出迎客,颜色正敷愉。伸腰再拜跪,问客平安无。

请客北堂上,坐客青氍毹。清白各异樽,酒上正华疏。

酌酒持与客,客言主人持。却略再拜跪,然后持一杯。

谈笑未及竟,左顾敕中厨,促令办粗饭,慎莫使稽留。

废礼送客出,盈盈府中趋。送客亦不远,足不过门枢。……（《陇西行》）

读起来仿佛入到欧洲交际社会,一位贵妇人极和霭极能干的美态,活现目前。又如:

……朝辞爷娘去,宿暮黄河边。不闻爷娘唤女声,但闻黄河流水鸣溅溅。旦辞黄河去,暮至黑山头。不闻爷娘唤女声,但闻燕山胡骑声啾啾。

◎《二湘图》 傅抱石

……可汗问所欲,木兰不用尚书郎。愿借明驼千里足,送儿还故乡。……(《木兰词》)

这首写女子从军,虽然是一种异态,但决非南朝人意想中所能构造。最妙者是刚健之中处处含婀娜,确是女性最优美之点。

南朝人便不同了。他们理想中女性之美,可以拿梁元帝的《西洲曲》做代表。

忆梅下西洲,折梅寄江北。单衫杏子红,双鬓鸦雏色。
西洲在何处,两桨桥头渡。日暮伯劳飞,风吹乌桕树。
树下即门前,门中露翠钿。开门郎不至,出门采红莲。
采莲南塘秋,莲花过人头。低头弄莲子,莲子清如水。
置莲怀袖中,莲心彻底红。忆郎郎不至,仰首视飞鸿。
飞鸿满汀洲,望郎上青楼。楼高望不见,尽日阑干头。
阑干十二曲,垂手明如玉。卷帘天自高,海水摇空绿。
海水梦悠悠,君愁我亦愁。南风知我意,吹梦到西洲。

这首诗写怀春女儿天真烂漫的情感,总算很好,所写的人格亦并不低下;但总是南派绮靡的情绪,和北派截然两样。后来作家,大概脱不了这窠臼。

唐诗写女性最好的,莫过于杜工部的《佳人》。

> 绝代有佳人，幽居在空谷。自言良家子，零落依草木。……在山泉水清，出山泉水浊。侍婢卖珠回，牵萝补茅屋。摘花不插鬓，采柏动盈掬。天寒翠袖薄，日暮倚修竹。

工部理想的佳人，品格是名贵极了，性质是高抗极了，体态是幽艳极了，情绪是浓至极了。有人说这首诗便是他自己写照，或者不错。总之描写女性之美，我说这首诗千古绝唱。

太白《长干曲》模仿《西洲》很像，写小家儿女的情爱，也还逼真，但价值不过尔尔。

李义山写女性的诗，几居全集三分之一，但义山是品性堕落的诗人，他理想中美人不过倡妓，完全把女子当男子玩弄品，可以说是侮辱女子人格。义山天才确高，爱美心也很强，倘使他的技术用到正途，或者可以做写女性情感的圣手，看他悼亡诸作可知。可惜他本性和环境都太坏，仅成就得这种结果。不惟在文学界没有好影响，而且留下许多遗毒，真是我们文学史上一件不幸了。

词里头写女性最好的，我推苏东坡的《洞仙歌》。

> 冰肌玉骨，自清凉无汗。水殿风来暗香满。绣帘开，一点明月窥人；人未寝，欹枕钗横鬓乱。
>
> 起来携素手，庭户无声，时见疏星度河汉，试问夜如何？夜已三更，金波淡，玉绳低转。但屈指西风几时回，又不道流

年暗中偷换。

好处在情绪的幽艳，品格的清贵，和工部《佳人》不相上下。

稼轩的：

蓦然回首，那人却在、灯火阑珊处。（《青玉案》）

白石的：

想珮环夜月归来，化作此花幽独。（《疏影》）

都能写出品格。柳屯田写女性词最多，可惜毛病和义山一样，藻艳更在义山下。

曲本每部总有女性在里头，但写得好的很少。因为他们所构曲中情节，本少好的，描写曲中人物，自然不会好。例如《西厢记》一派，结局是调情猥亵，如何能描出清贵的人格？又如《琵琶记》一派，主意在劝惩，并不注重女性的真美。所以曲本写女性虽多，竟找不出能令我心折的作品。内中唯汤玉茗是最浪漫式的人。《牡丹亭·惊梦》里头，确有些新境界。如：

可知我常一生儿爱好是天然,恰三春好处无人见。……

"爱好是天然"这句话,真所谓为爱美而爱美,从前没有人能道破。写女性高贵,此为极品了。底下跟着衍这段意思,也有许多名句。如:

朝飞暮卷,云霞翠轩;雨丝风片,烟波画船。锦屏人忒看得韶光贱。

如:

则为俺生小婵娟,拣名门一例一例里神仙眷;甚良缘把青春抛得远;俺的睡情谁见?……

如:

则为你如花美眷,似水流年。是答儿闲寻遍,在幽闺自怜。

这些词句,把情绪写得像酒一般浓,却不失闺秀身分,在艳词中算是最上乘了。

这段末后,还有几句话要讲讲。近代文学家写女性,大半以"多愁多病"为美人模范,古代却不然。《诗经》所赞美的是"硕人其颀",是"颜如舜华";楚辞所赞美的是"美人既醉朱颜酡,娱光眇视目层波";汉赋所赞美的是"精耀华烛俯仰如神",是"翩若惊鸿矫若游龙"。凡这类形容词,都是以容态之艳丽和体格之俊健合构而成,从未见以带着病的恹弱状态为美的。以病态为美,起于南朝,适足以证明文学界的病态。唐宋以后的作家,都汲其流,说到美人便离不了病,真是文学界一件耻辱。我盼望往后文学家描写女性,最要紧先把美人的健康恢复才好。

九

欧洲近代文坛,浪漫派和写实派迭相雄长。我国古代,将这两派划然分出门庭的可以说没有;但各大家作品中,路数不同,很有些分带两派倾向的。今先说浪漫的作品。

三百篇可以说代表诸夏民族平实的性质,凡涉及空想的一切没有。我们文学含有浪漫性的自楚辞始。春秋战国时候的中原人都来说"楚人好巫鬼",大抵他们脑海中含有点野蛮人神秘意识,后来渐渐同化于诸夏;用诸夏公用的文化工具表现他们的感想,带着便把这种神秘意识放进去,添出我们艺术上的新成分。这种意识,或者从远古传来,乃至和我们民族发源地有什么关系也未可知。试看,楚辞里头讲昆仑的最多——大约不下十数处,像是对于昆仑有一种渴仰,构成他们心中极乐国土。这种思想渊源,和中亚细亚地方有无关系,今尚为历史上未决问题。他们这种超现实的人生观,用美的形式发撼出来,遂为我们文学界开一新天地。楚辞的最大价值在此。

楚辞浪漫的精神表现得最显者,莫如《远游》篇。他起首那段有几句:

惟天地之无穷兮,哀人生之长勤。往者余弗及兮,来者吾不闻。(《远游》)

屈原本身有两种矛盾性。他头脑很冷,常常探索玄理,想象"天地之无穷";他心肠又很热,常常悲悯为怀,看不过"民生之多艰"。(《离骚》语)他结果闹到自杀,都因为这两种矛盾热爱祖国战,苦痛忍受不住了。他作品中把这两种矛盾性充分发挥,有一半哭诉人生冤苦,有一半是寻求他理想的天国。《远游》篇就是属于后一类。他说:

载营魄而登霞兮,掩浮云而上征。命天阍其开关兮,排阊阖而望予。召丰隆使先导兮,问太微之所居。集重阳入帝宫兮,造旬始而观清都。朝发轫于太仪兮,夕始临乎于微间。屯余车之万乘兮,纷溶与而并驰。驾八龙之婉婉兮,载云旗之逶蛇。建雄虹之采旄兮,五色杂而炫耀。服偃蹇以低昂兮,骖连蜷以骄骜。骑胶葛以杂乱兮,斑漫衍而方行。撰余辔而正策兮,吾将过乎句芒。历太皓以右转兮,前飞廉以启路。阳杲杲其未光兮,凌天地以径度。……(同上)

如此之类有好几段,完全是幻构的境界。最末一段道:

经营四方兮,周流六漠。上至列缺兮,降望大壑;下峥嵘而无地兮,上寥廓而无天。视倏忽而无见兮,听惝恍而无闻。超无为以至清兮,与泰初而为邻。(同上)

这类文学,纯是求真美于现实界以外,以为人类五官所能接触的境界都是污浊,要搬开他别寻心灵净土。《离骚》《涉江》中一部分,也是这样。

《招魂》——据太史公说也是屈原所作。其想象力之伟大复杂实可惊。前半说上下四方到处痛苦恐怖的事物,都出乎人类意境以外;后半说浮世的快乐,也全用幻构的笔法写得淋漓尽致。末后一段说这些快乐,到头还是悲哀,以"魂兮归来哀江南"一句,结出作者情感根苗。这篇名作的结构和思想都有点和噶特的《浮士达》相仿佛。

楚辞中纯浪漫的作品,当以《九歌》的《山鬼》为代表,今录其全文。

若有人兮山之阿，被薜荔兮带女萝。既含睇兮又宜笑，子慕余兮善窈窕。

乘赤豹兮从文狸，辛夷车兮结桂旗。被石兰兮带杜衡，折芳馨兮遗所思。

余处幽篁兮终不见天，路险艰兮独后来。

表独立兮山之上，云容容兮而在下；杳冥冥兮羌昼晦，东风飘兮神灵雨。

留灵修兮憺忘归，岁既晏兮孰华予？

采三秀兮于山间，石磊磊兮葛蔓蔓。思公子兮憺忘归，君思我兮不得闲。

山中人兮芳杜若，饮石泉兮荫松柏。君思我兮然疑作。

雷填填兮雨冥冥，猿啾啾兮又夜鸣，风飒飒兮木萧萧，思公子兮徒离忧。（《山鬼》）

这篇和《远游》《离骚》《招魂》等篇作法不同。那几篇都写作者自身和所构幻境的关系，这篇完全另写一第三者作影子。我们若把这篇当画材，将那山鬼的环境面影性格画来，便活现出屈原的环境面影性格。这种纯粹浪漫的作法，在我们文学界里头，当以此篇为嚆矢。

陶渊明的《桃花源诗·序》，正是浪漫派小说的鼻祖。那首诗自然也是浪漫派绝好韵文。里头说的：

……相命肆农耕，日入随所憩。桑竹垂余荫，菽稷随时艺。春蚕收长丝，秋熟靡王税。荒路暧交通，鸡犬互鸣吠。……

童孺纵行歌，斑白欢游诣。草荣识节和，木衰知风厉。虽无纪历志，四时自成岁。怡然有余乐，于何劳智慧。……

这是渊明理想中绝对自由、绝对平等、无政府的互助的社会状况；最主要的精神是"超现实"。但他和楚辞不同处，在不带神秘性。

神仙的幻想，在我们文学界中很占势力。这种幻想自然是导源于楚辞，但后人没有屈原那种剧烈的矛盾性，从形式上模仿蹈袭，往往讨厌。如曹子建也有一首《远游》篇，读去便味

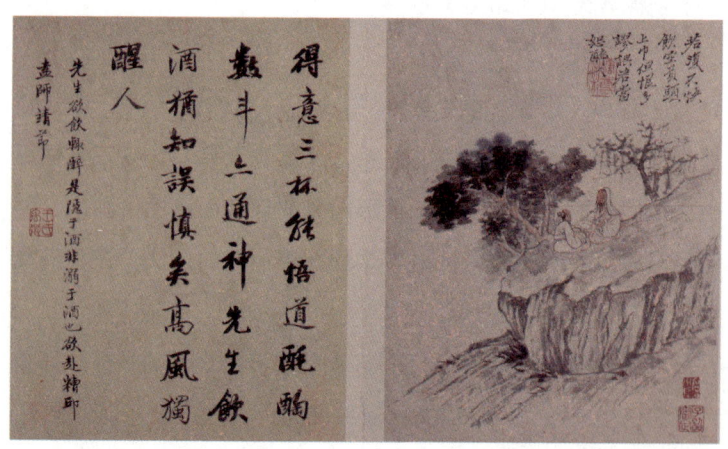

◎《渊明诗意册页》 石涛

如嚼蜡。嵇中散的《游仙》诗，也看不出什么异彩。到郭景纯十几首《游仙》，便瑰丽多了。其中如：

> 翡翠戏兰苕，容色更相鲜。绿萝结高林，蒙茏盖一山。
> 中有冥寂士，静啸抚清弦。放情凌霄外，嚼蕊挹飞泉。……

虽然纯从《山鬼》篇脱胎，却把幽愤境界变为飘逸。又如：

> 杂县寓鲁门，风暖将为灾。吞舟涌海底，高浪驾蓬莱。
> 神仙排云出，但见金银台。陵阳挹丹溜，容成挥玉杯。
> 姮娥扬妙音，洪崖颔其颐。升降随长烟，飘飘戏九垓。
> 奇龄迈五龙，千岁方婴孩。燕昭无云气，汉武非仙才。

这类诗像是佛教入中国后，参些印度人梵天的幻想。但每首总爱把作者的宇宙观人生观直白点出，未免有些词费。

浪漫派文学，总是想象力愈丰富愈奇诡便愈见精采。这一点，盛唐大家李太白，确有他的特长。如他的《公无渡河》全从古乐府《箜篌引》敷演出来。《箜篌引》十六个字千古绝唱，如何可拟作？他这首的前半"黄河西来决昆仑，……其害乃去茫然风沙"，已经把这条黄河写得像有神秘性；到下半首依传说略叙事实后更虚构可怖的幻象。说：

被发之叟狂而痴,清晨径流欲奚为?旁人不惜妻止之,公无渡河苦渡之。虎可搏,河难凭,公果溺死流海湄。有长鲸白齿若雪山,公乎公乎挂骨于其间。《箜篌》所谣竟不还。

◎《李白行吟图》 宋 梁楷

这诗把原来的《箜篌引》赋予一种浪漫性,便成创作。又如《飞龙引》的:

……载玉女,过紫皇,紫皇乃赐白兔所捣之药方。后天而老凋三光。下视瑶池见王母,蛾眉萧飒如秋霜。

如《蜀道难》的:

……蚕丛及鱼凫,开国何茫然。尔来四万八千岁,不与秦塞通人烟。西当太白有鸟道,可以横绝峨眉颠。地崩山摧壮士死,然后天梯石栈相钩连。……

太白集中像这类的很多,都可以证明他想象力之伟大,能构造出别人所构不出的境界。他还有两首词,把他的美感表得十分圆满。词调是《桂殿秋》,文如下:

仙女下,董双成,汉殿夜凉吹玉笙。曲终却从仙官去,万户千门惟月明。

河汉女,玉炼颜,云軿往往在人间。九霄有路去无迹,嫋嫋香风生珮环。

后来这类作品,我最爱者为王介甫的《巫山高》二首。

巫山高,十二峰。上有往来飘忽之猿猱,下有出没瀺灂之蛟龙,中有倚薄缥缈之神宫。神人处子冰雪容,吸风饮露虚无中;千岁寂寞无人逢,邂逅乃与襄王通。丹崖碧嶂深重重,白月如日明房栊;象床玉几来自从,锦屏翠幔金芙蓉。阳台美人多楚语,只有纤腰能楚舞,争吹凤管鸣鼍鼓。那知襄王梦时事,但见朝朝暮暮长云雨。

巫山高,偃薄江水之滔滔;水于天下实至险,山亦起伏为波涛。其巅冥冥不可见,崖岸斗绝悲猿猱;赤枫青栎生满谷,山鬼白日樵人遭。窈窕阳台彼神女,朝朝暮暮能云雨;以云为衣月为褚,乘光服暗无留阻。昆仑曾城道可取,方丈蓬莱多伴侣;块独守此嗟何求,况乃低徊梦中语。

这类诗词，从唯美的见地看去，很有价值。他们并无何种寄托，只是要表那一片空灵纯洁的美感。太白、介甫一流人，胸次高旷，所以能有这类作品。像杜工部虽然是情圣，他却不会作此等语。

苏东坡也是胸次高旷的人，但他的文学不含神秘性，纯浪漫的作品较少。他贬谪琼州的时候，坐在山轿子上打盹，正在遇雨，梦中得了十个字的名句。

千山动鳞甲，万壑酣笙钟。醒来续成一首诗道：四洲环一岛，百洞蟠其中。我行西北隅，如度月半弓。登高望中原，但见积水空。此身将安归，四顾真途穷。眇观大瀛海，坐咏谈天翁。茫茫太仓间，稊米谁雌雄？幽怀忽破散，咏啸来天风。千山动鳞甲，万壑酣笙钟。焉知非群仙？《钧天》宴未终。喜我归有期，举酒属青童。急雨岂无意，催诗走群龙。梦中忽变色，笑电亦改容。应怪东坡老，颜衰语徒工。久矣此妙声，不闻蓬莱宫。

他作诗时候所处的境界，恰好是最浪漫的；他便将那一刹那间的实感写出来，不觉便成浪漫派中上乘作品。

浪漫派特色，在用想象力构造境界。想象力用在醇化的美感方面，固然最好；但何能个个人都如此？所以多数走入奇诡一路。楚辞的《招魂》已开其端绪，太白作品也半属此类。中唐以后，这类作风益盛，韩昌黎的《陆浑山火和皇甫湜》《孟东野夫子》《二鸟诗》等篇，都带这种色彩。我们可以给他一个绰号，叫作"神话文学"。神话文学的代表作品，应推卢玉川。他有名的《月蚀诗》二千多字，完全像希腊神话一般，内中一段：

……传闻古老说，蚀月虾蟆精，径圆千里入汝腹，汝此癡骸阿谁生？

……忆昔尧为天，十日烧九州；金铄水银流，玉烛丹砂焦，六合烘为窑，尧心增百忧。帝见尧心忧，勃然发怒决洪流，立拟沃杀九日妖；天高日走沃不及，但见万国赤子䑝䑝生鱼头。此时九御导九日，争持节幡麾幢疏，驾车六九五十四头蛟，螭虬掣电九火辀。汝若蚀开龃龉轮，御辔执索相爬钩，推荡轰訇入汝喉，红鳞焰鸟烧口快，翎鬣倒侧声酸邹，撑肠柱肚偪块如山丘，自可饱死更不偷，不独填饥坑，亦解尧心忧。……

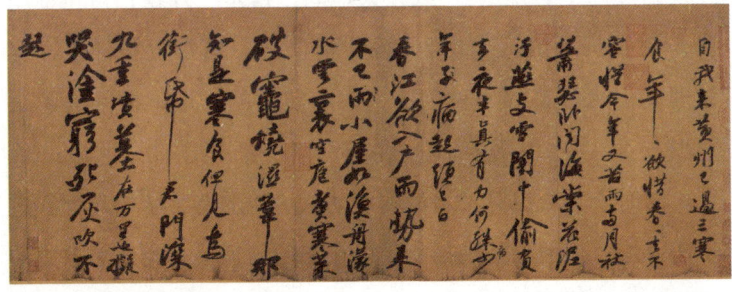

◎《黄州寒食帖》　宋　苏轼

又如《与马异结交诗》中一段：

伏羲画八卦，凿破天心胸。女娲本是伏羲妇，恐天怒，捣炼五色石，引日月之针五星之缕把天补。补了三日不肯归婿家，走向日中放老鸦，月里栽桂养虾蟆。天公发怒化龙蛇。此龙此蛇得死病，神农合药救死命。天怪神农党龙蛇，罚神农为牛头令载元气车。不知药中有毒药，药杀元气天不觉。……

这种诗取采资料，都是最荒唐怪诞的神话，还添上本人新构的幻想，变本加厉。这种诗好和歹且不管他，但我们不能不承认作者胆量大，替诗界作一种解放。又不能不承认是诗界一种新国土，将来很有继续开辟的余地。

玉川最喜欢把人类意识赋予人类以外诸物。《观放鱼歌》："鸂鶒鸰鸥凫，喜观争叫呼；小虾亦相庆，绕岸摇其须"便是。他还有二十首小诗，设为石、竹、井、马兰、蛱蝶、虾蟆，相互谈话。内中石说道："我在天地间，自是一片物；可得杠压我，使我头不出。"他所假设一场谈话，虽然没有什么深奥哲理；但也算诗界一种创作，比陶渊明的《形影神问答》进一步。

同时李长吉也算浪漫派的别动队。他的诗字字句句都经过千锤百炼；但他的特别技能不仅在字句的锤炼，实在想象力的锤炼。他的代表作品，如《金铜仙人辞汉歌》。

茂陵刘郎秋风客，夜间马嘶晓无迹；画栏桂树悬秋香，三十六宫土花碧。魏官牵车指千里，东关酸风射眸子；空将汉月出宫门，忆君清泪如铅水。衰兰送客咸阳道，天若有情天亦老；携盘独出月荒凉，渭城已远波声小。

此外如"昆山玉碎凤皇叫，芙蓉泣露香兰笑"，如"女娲炼石补天处，石破天惊逗秋雨"，如"洞庭雨脚来吹笙，酒酣喝月使倒行"，如"银浦流云学水声"，如"呼龙耕烟种瑶草"，如"南风吹山作平地，帝遣天吴移海水"，此等语句，不知者以为是卖弄词藻，其实每一句都有他特别的意境。大抵长吉脑里头幻象很多，每一个幻象，他自己立限只许用十来个字把他写出。前人评他作诗是"呕心"，真不错。这种诗自然不该学，但我们不能不承认他在文学史上的价值。

现在要讲写实派。写实派作法，作者把自己情感收起，纯用客观态度描写别人情感。作法要领，是要将客观事实，照原样极忠实的写出来，还要写得详尽。因为如此，所以所写的多是三几个寻常人的寻常行事，或是社会上众人共见的现象，截头截尾单把一部分状态委细曲折传出。简单说，是专替人类作断片的写照。

这种作品，在三百篇里头不能说没有，如《卫风》的《硕人》，《郑风》的《大叔于田》《褰裳》，《豳风》的《七月》，都有点这种意思。但三百篇以温柔敦厚为主，不肯作露骨的刻画,自然不能当这派作品的模范。楚辞纯属浪漫的作风,和这派正极端反对,当然没有可征引了。

汉人乐府中有一首《孤儿行》,可以说是纯写实派第一首诗。全录如下:

孤儿生,孤儿遇生命当独苦。

父母在时,乘坚车驾驷马;父母已去,兄嫂令我行贾。

南到九江,东到齐与鲁;腊月来归,不敢自言苦。

头多虮虱,面目多尘土。

大兄言办饭,大嫂言视马;上高堂行趣殿,下堂,孤儿泪下如雨。

使我朝行汲暮得水,来归手为错,足下无菲。

怆怆履霜,中多蒺藜,拔断蒺藜。肠肉中怆欲悲,泪下渫渫,清涕累累。

冬无复襦,夏无单衣。居生不乐,不如早去下从地下黄泉。

春气动,草萌芽;三月蚕桑,六月收瓜;将是瓜车,来还到家。

瓜车反覆,助我者少,啖瓜者多。愿还我蒂;兄与嫂严独且急,归当与校计。

乱曰:里中一何诮诮!愿欲寄尺书将与地下父母,兄嫂难与久居。

这首诗只是写寻常百姓家一个可怜的孩子，将他日常经历直叙，并不下一字批评。读起来能令人同情心到沸度，可以说是写实派正格。

《孔雀东南飞》，是最有结构的写实诗。他写十几个人问答语，各人神情毕肖，真是圣手。内中"妾有绣丝襦……"，"着我绣夹裙……"，"青雀白鹄舫……"三段，铺叙实物，尤见章法。可惜所铺叙过于富丽，稍失写实家本色。又篇末松梧交枝鸳鸯对鸣等语，已经搀入象征法。虽然如此，这诗总算写实妙品。

魏晋写实的五言，以左太冲《娇女诗》为第一。

吾家有娇女，皎皎颇白皙。小字为纨素，口齿自清历。
鬓发覆广额，双耳似连璧。明朝弄梳台，黛眉类扫迹。
浓朱衍丹唇，黄吻烂漫赤。娇语若连琐，忿速乃明㥦。
握笔利彤管，篆刻未期益。执书爱绨素，诵习矜所获。
其姊字惠芳，面目灿如画。轻妆喜楼边，临镜忘纺绩。
举觯拟京兆，立的成复易。玩弄眉颊间，剧兼机杼役。
从容好赵舞，延袖像飞翮。上下弦柱际，文史辄卷襞。
顾盼屏风画，如见已指摘。丹青日尘暗，明义为隐赜。
驰骛翔园林，果不皆生摘。红葩缀紫蒂，萍实骤抵掷。
贪华风雨中，倏忽数百适。务蹑霜雪戏，重綦常累积。
并心注肴馔，端坐理盘槅。翰墨戢闲案，相与数离逖。

> 动为炉钲屈,屣履任之适。止为茶荍据,吹嘘对鼎䥶。
> 脂腻漫白袖,烟重染阿锡。衣被皆重池,难与沉水碧。
> 任其孺子意,羞受长者责。瞥闻当予杖,掩泪俱向壁。

这首诗活画出两位天真烂漫性情活泼娇小玲珑又爱美又不懂事的女孩子。尤当注意者,太冲对于这两位女孩子,取什么态度,有何等情感,诗中一个字没有露出。他的目的全在那映到他眼里的小女孩子情感,他用极冷静的态度忠实观察他,忠实描写他,所以入妙。后来模仿这首诗的不少,但都赶不上他。如李义山的《骄儿诗》,即是其中之一首。依着《骄儿诗》看来,义山那位衮师少爷顽劣得可厌,是不管他;——也许是义山照样写实,那么少爷虽不好,诗还是好。但那诗中说旁人对于他儿子怎样批评,又说他自己对于儿子怎样希望,还把自己和儿子比较,发一段牢骚,这是何苦呢?我们拿这两首诗比一比,便可以悟出写实派作法的要诀。

前回曾举出杜工部半写实派的几首诗。其实工部纯写实派的作品也很不少而且很好。如:

> 献凯日继踵,两蕃静无虞。渔阳游侠地,击鼓吹笙竽。
> 云帆转辽海,粳稻来东吴。越裳与楚练,照耀舆台躯。
> 主将位益崇,气骄凌上都。边人不敢议,议者死路衢。
> (《后出塞》)

这首诗是安禄山还未造反时作的,所指就是安禄山那一班军阀。仅仅六十个字,把他们豪奢骄蹇情形都写完了。他却并没有一个字批评,只是用巧妙技术把实况描出,令读者自然会发厌恨忧危种种情感。这是写实文学最大作用。又如:

三月三日天气新,长安水边多丽人。态浓意远淑且真,肌理细腻骨肉匀。绣罗衣裳照暮春,蹙金孔雀银麒麟。头上何所有?翠为匐叶垂鬓唇。背后何所见?珠压腰衱稳称身。就中云幕椒房亲,赐名大国虢与秦。紫驼之峰出翠釜,水精之盘行素鳞。犀箸厌饫久未下,鸾刀缕切空纷纶。黄门飞鞚不动尘,御厨络绎送八珍。箫鼓哀吟感鬼神,宾从杂遝实要津。后来鞍马何逡巡,当轩下马入锦茵。杨花雪落覆白蘋,青鸟飞去衔红巾。炙手可热势绝伦,慎莫近前丞相嗔。

又如:

步屦随春风,村村自花柳。田翁逼社日,邀我尝春酒。
酒酣夸新尹,畜眼未见有。回头指大男:"渠是弓弩手,
名在飞骑籍,长番岁时久。前日放营农,辛苦救衰朽。
差科死则已,誓不举家走。今年大作社,拾遗能住否?"
叫妇开大瓶,盆中为吾取。感此气扬扬,须知风化首。
语多虽杂乱,说尹终在口。朝来偶然出,自卯将及酉。

久客惜人情，如何拒邻叟。高声索果栗，欲起时被肘。
指挥过无礼，未觉村野丑。月出遮我留，仍嗔问升斗。

这首和前两首不同。前两首是一般写实家通行作法，专写社会黑暗方面；这首却是写社会光明方面，读起来令人感觉乡村生活之优美。那"田父"一种真率气象以及他对于社交之亲切对于国家义务之认真，都一一流露。

写实家所标旗帜，说是专用冷酷客观，不搀杂一丝一毫自己情感。这不过技术上的手段罢了。其实凡写实派大作家都是极热肠的。因为社会的偏枯缺憾，无时不有，无地不有，只要你忠实观察，自然会引起你无穷悲悯。但倘若没有热肠，那么他的冷眼也决看不到这种地方，便不成为写实家了。杜工部这类写实文学开派以后，继起的便是白香山。香山自己说：

惟歌生民病，……甘受时人嗤。

他自己编定诗集，用诗的性质分类，第一类便是"讽喻"。讽喻类主要作品是十首《秦中吟》和五十首《新乐府》。这六十首诗，可以说完成写实派壁垒，替我们文学史吐出光焰万丈。但他的作风与纯写实派有点不同。每篇之末，总爱下主观的批评，不过批评是"微而婉"罢了。里头纯客观的只有几首。如：

帝城春欲暮，喧喧车马度。共道牡丹时，相随买花去。贵贱无常价，酬直看花数。灼灼百朵红，戋戋五束素。上张幄幕庇，旁织巴篱护。水洒复泥封，移来色如故。家家习为俗，人人迷不悟。有一田舍翁，偶来买花处。低头独长叹，此叹无人喻。一丛深色花，十户中人赋。（《秦中吟·买花》）

如：

卖炭翁，伐薪烧炭南山中。满面尘灰烟火色，两鬓苍苍十指黑。卖炭得钱何所营，身上衣裳口中食。可怜身上衣正单，心忧炭贱愿天寒。夜来城上一尺雪，晓驾炭车辗冰辙。牛困人饥日已高，市南门外泥中歇。翩翩两骑来是谁？黄衣使者白衫儿。手把文书口称敕，回车叱牛牵向北。一车炭重千余斤，官使驱将惜不得。半匹红纱一丈绫，系向牛头充炭直。（《新乐府·卖炭翁》）

像这类不将批评主意明点出来的，约居全部十分之一，其余都把自对于这件事情的意见说出。他的《新乐府》自序说：

……首句标其目，卒章显其志，三百篇之意也。其辞质而径，欲见之者易喻也。其言直而切，欲闻之者深诫也。其事核而实,使采之者传信也。……

他并不是为诗而作诗;他替那些穷苦的人们提起公诉,他向那些作恶的人们宣说福音。所以他不采那种藏锋含蓄的态度,将主观的话也写出来。但是以作风论,我们还认他是写实派,因为他对于客观写得极忠实极详尽。

写实派固然注重在写人事的实况,但也要写环境的实况,因为环境能把人事烘托出来。写环境实况的模范作品,如鲍明远《芜城赋》中一段。

泽葵依井,荒葛罥涂;坛罗虺蜮,阶斗䴥鼯;
木魅山鬼,野鼠城狐;风嗥雨啸,昏见晨趋;
饥鹰厉吻,寒鸱吓雏;伏虣藏虎,乳血餐肤。
崩榛塞路,峥嵘古馗;白杨早落,塞草前衰。
棱棱霜气,蔌蔌风威;孤蓬自振,惊沙坐飞。
灌莽杳而无际,丛薄纷其相依;通池既已夷,峻隅又已颓。

直视千里外,唯见起黄埃。凝思寂听,心伤已摧。

所写全是客观现象,然而读起来自然会令情感涌出。妙处全在铺叙得淋漓透彻。学写实派的不可不知。

《稷山论书诗》序

癸亥长夏,独居翠微山之秘魔岩,每晨尽开轩窗纳山气,在时鸟繁声中作书课一小时许以为常。一日蒋百里挟一写本小册至,且曰:"三十年夙负,合坐索矣。"视之,则会稽陶心云先生《论书绝句》百首。原稿有俞曲园、谭复堂、李莼客、袁爽秋、沈乙庵诸序跋,皆手写也。而不佞一短札亦俨然虱其间,文笔书势皆稚弱如乳臭儿,视之羞欲死,盖十七八岁时初游京师作也。札中答心老谣诼作序云:"三月内必有以报命。"迄今为三月者,殆百有五十,而心老墓木久拱矣。记十二三岁时,在粤秀山三君祠见心老书一楹帖,目夺魂摇不能去,学书之兴自此。京师识心老,盖在夏穗卿座中,心老即席见赠一帖,文曰:"学问文章过吾党,东南淮海惟扬州。"且曰:粤地在禹贡固扬分也。其书龙跳虎卧,意态横绝。亡命后帖久烬,然神理深镂吾心目,今犹可仿佛也。心老论书尊碑绌帖,此固道咸以来定讞。虽然,简札之与碑版,其用终殊,孙虔礼所谓"以点画为情性,使转为形质者",其妙谛又非贞石刻文所能尽也,明矣。晚近流沙坠简出世,中典午残缣数片,与汇帖所摹钟王书乃绝相类。其书盖出诸北地不知名之人之手,非江左流风所扇,故知翰素既行,风格斯嬗,未可遂目以伪体祧之也。余于书不能有所就,且平昔诵习皆在北刻,心老之论,复何间然?顾孟子恶执一贼道,然则北刻外无楷法之论,终未敢苟同,恨不得起心老于地下更一扬榷之。或问曰:"论书之作,在今日毋亦可以已耶?"应之曰:"不然。吾闻之百里,今西方审美家言,最尊线美,吾国楷法,线美之极轨也。"又曰:"字为心画,美术之表见作者性格,绝无假借者,惟书为最。然则书道之不能磨灭于天地间,又岂俟论哉?"新会梁启超。

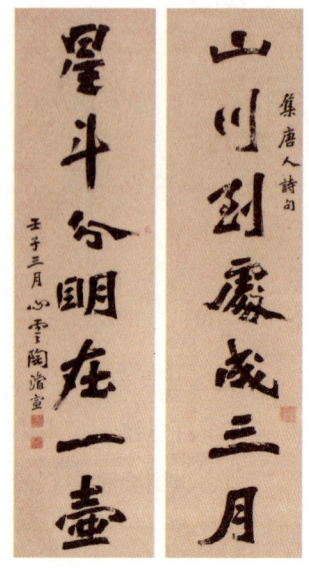

◎《行书七言联》 清　陶濬宣

书法指导

（甲）书法是最优美最便利的娱乐工具

凡人必定要有娱乐。在正当的工作及研究学问以外，换一换空气找点娱乐品，精神才提得起来。假使全是义务工作，生活一定干燥、厌烦、无味。有一两样或者两三样娱乐品调剂一下，生活就有趣味多了。

娱乐的工具很多，譬如喝酒、打牌、下棋、唱歌、听戏、弹琴、绘画、吟诗，都是娱乐，各有各的好处。但是要在各种娱乐之中，选择一种最优美最便利的娱乐工具，我的意见——亦许是偏见，以为要算写字。写字有好几种优美便利处。

一、可以独乐

一人不饮酒，二人不打牌。唱歌听戏，要聚合多人，才有意思。就是下棋最少也要两个人，单有一个人，那是乐不成的。唯有写字，不管人多人少，同乐亦可，独乐亦可，最为便利，不必一定要有同伴。

二、不择时，不择地

打球必定要球场，听戏必定要戏园，而且要天气好，又要有一定的时候。其他各种娱乐皆然，多少总有点限制。唯有写字，不择时候，不择地方，早上可以，晚上也可以；户内可以，户外亦可以。只需桌子、笔墨，随时随地，可以娱乐，非常的自由。

三、费钱不多

奏音乐要买钢琴，要买环珴玲，价钱都很贵，差不多的人不愿买。唯有写字，不需设备，有相当的纸墨笔就可以。墨笔最贵的不过一两元钱，写得好，可以写几个月。纸更便宜，几角钱，可以买许多，无论多穷，亦玩得起。

四、费时间不多

打牌绘画，都很费时间。牌除非不打，一打起码四圈，有时打到整天整夜。作画画得好，要五日一山，十日一水。唯有写字，一两点钟可以，一二十分钟亦可以。有机会，有功夫，提笔就写，不费多少时间。

五、费精神不多

作诗固然快乐，但是很费脑力。如古人所谓"吟成五个字，捻断数根须"。非呕心沥血，不易作好。下棋亦然，古人常说"长日惟消一局棋"，你想那是何等的费事。唯有写字，在用心不用心之间，脑筋并不劳碌。

六、成功容易而有比较

学画很难学会，成功一个画家，尤为难上加难。唱歌比较容易一点，但是进步与否，无法比较。昨日的声音，今日追不回来。唯有写字，每天几页，有成绩可见，上月可以同下月比较，十年之前可以同十年之后比较。随时进步，自然随时快乐。

七、收摄身心

每天有许多工作，或劳心，或劳力，做完以后，心力交瘁，精神游移，身体亦异常疲倦。唯有写字，在注意不注意之间，略以要想收摄身心，写字是一个最好的法子。

依我看来，写字虽不是第一项的娱乐，然不失为第一等的娱乐。写字的性质，是静的，不是动的。与打球唱歌不同。喜欢静的人，觉得兴味浓深。喜欢动的人，亦应当拿来调剂一下。起初虽快乐略小，往后一天天的快乐就大起来了。

以写字作为娱乐的工具，有

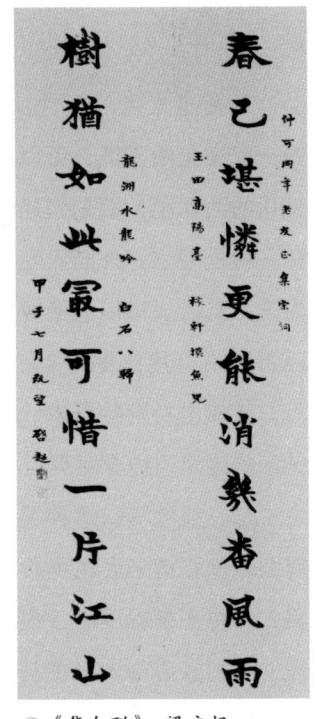

◎《集句联》 梁启超

这么许多好处，所以中国先辈，凡有高尚人格的人，大半都喜欢写字。如像曾文正、李文忠，差不多每天都写，虽当均属旁骛，亦不间断。曾文正无论公务如何忙碌，每一兴到，非写不可。李文忠事事学曾，旁的赶他不上。而规定时刻，日常写字，同曾一样。这种娱乐，又优美，又便利。要我来讲，不由我不高兴。

（乙）书法在美术上的价值

爱美是人类的天性；美术，是人类文化的结晶；所以凡看一国文化的高低，可以由他的美术表现出来，美术，世界所公认的为图画，雕刻，建筑三种；中国于这三种之外，还有一种，就是写字。外国人写字，亦有好坏的区别，但是以写字作为美术看待，可以说绝对没有。因为所用工具不同，用毛笔可以讲美术，用钢笔铅笔，只能讲便利；中国写字有特别的工具，就成为特别的美术。写字比旁的美术不同，而仍可以称为美术的原因，约合四点：

一、线的美。这种美的要素，欧、美艺术家，讲究得极为精细，作张椅子，也要看长短，疏密，粗细，弯直，作得好就美，作得不好就不美，线的美，在美术中，为最高等，不靠旁物的陪衬，专靠本身的排列。譬如一个美人，专讲涂脂傅粉，只能算第二三等脚色，要五官端正，身材匀称，才算头等脚色；

假如鼻大眼小,那就是丑,五官凑在一块,亦是丑。真正的美,在骨格的摆布,四平八稳,到处相称。在真美中,线最重要,西洋美术,最讲究线。黑白相称,如电灯照出来一样,这种美术,以前不发达,近来才发达。这种美术,最能表示线的美,而且以线为主;写字就是要黑白相称,同是天地玄黄几个字,王羲之这样写,我们亦这样写,他写得好,我们写得丑,就是他的字黑白相称,我们的字黑白不相称。向来写字的人,最主要的,有句话,"计白当黑",写字的时候,先计算白的地方,然后把黑的笔画嵌上去:一方面从白的地方看美,一方面从黑的地方看美。一个字的解剖,要计白当黑,一行字,一幅字,全部分的组织,亦要计白当黑.譬如方才讲的天地玄黄几个字,王羲之摆得好,我们摆得不好;但是让王羲之写天字,欧阳询写地字,颜鲁公写玄字,苏东坡写黄字,合在一起,一定不好;因为大家下笔不同,计算黑白不同,所以组合起来,就不美了。线的美,固然要字字计算,同时又要全部计算。

做椅子如此,写字如此,全屋子的摆设,亦是如此。譬如这间屋子,本来是宴会厅,现在暂时作为讲演室,桌子椅子,横七竖八的凑在一起,就不美了,因为线的排列不好。真的美,一部分的线,要妥贴,全部分的线,亦要妥贴,如果绘画,要用很多的线,表示最高的美;字不比画,只需几笔,也就可以表示最高的美了。

二、光的美。绘画要调颜色,红绿相间,才能算美;就是墨笔画，不用颜色，但是亦有浓淡，才能算美．写字这件事，说来奇怪，不必颜色．不必浓淡，就是墨，而且很匀称的墨，就可以表现美出来。写得好的字，墨光浮在纸上，看去很有精神；好的手笔，好的墨汁，几百年，几千年，墨光还是浮起来的；这种美，就叫作光的美。

西洋的画，亦讲究光，很带一点神秘性．对于看画，我自己是外行，实在不容易分出好坏，但是也曾被人指在过，说某幅有光，某幅无光；我自己虽不大懂，总觉得号称有光那几幅，真是光彩动人。不过西洋画所谓有光，或者因为颜色，或者因为浓淡，那是自然的结果；中国的字，黑白两色相间，光线即能浮出，在美术界类似这样的东西，恐怕很少。

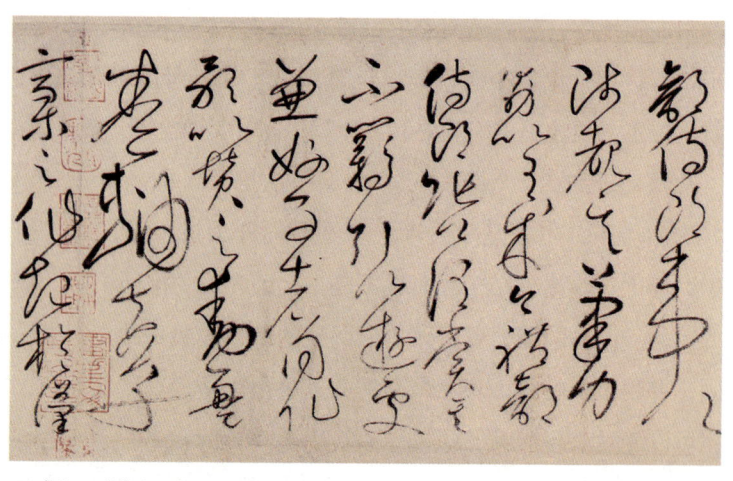

◎《自叙诗》（局部） 唐 怀素

三、力的美。写字完全仗笔力，笔力的有无，断定字的好坏；而笔力的有无，一写下去，立刻可以看出来。旁的美术，可以填，可以改。如像图画，先打底稿，再画，画得不对再改；油画，尤其可以改，先画一幅人物，在上面可以改一幅山水。如像雕刻，虽亦看腕力，然亦可改，并不是一下去就不动；建筑，更可以改，建得不美，撤了再建。无论何美术，或描或填或改，且可以设法补救。写字，笔下去，好就好，糟就糟，不能填，亦能改，愈填愈笨，愈改愈丑。顺势而下，一气呵成，最能表现真力：有力量的飞动，遒劲，活跃；没有力量的呆板，委靡，迟钝。我们看一幅画，不易看出作者的笔力，我们看一幅字，有力无力，很容易鉴别。纵然你能模仿，亦只能模仿形式，不能模仿笔力；只能说学得像，不容易说学得一样的有力。

四、个性的表现。美术有一种要素，就是表现个性。个性的表现，各种美术都可以，即如图画，雕刻，建筑，无不有个性存乎其中。但是表现得最亲切，最真实，莫如写字，前人曾说："言为心声，字为心画。"这两句话，的确不错．放荡的人，说话放荡，写字亦放荡；拘谨的人，说话拘谨，写字亦拘谨，一点不能做作，不能勉强。旁的可假，字不可假；一个人有一个人的笔迹，旁人无论如何模仿不来，不必要毛笔，才可以认笔迹；就是钢笔铅笔，亦可以认笔迹，是谁写的，看就知道，因为各人个素，是在发挥个性；而发挥个性最真确的．莫如写字；如果说能够表现个性，就是最高美术，那么各种美术，以写字为最高。写字有线的美，光的美，力的美，表现个性的美，在美术上，价值很大，或者因为我喜欢写字，有这种偏好，所以说各种美术之中，以写字为最高；旁的所没有的优点，写字有之，旁的所不能表现的，写字能表现出来。

（丙）模仿与创造

模仿与创造，这个问题，不单在写字方面，要费讨论，就是一切美术及其他艺术的大部分，都成为一种问题。创造固然切要，但是模仿是否切要，模仿与创造有无冲突，这都是值得研究的地方。许多人排斥模仿，以为束缚天才，我反对这种说法。学为人的道理，学做学问，学所有一切艺术，模仿都是好的，不是坏的，都是有益的，不是无益的。

简单说吧，从前人所得的成绩，从模仿下手，用很短的时间，很小的精力，就可以得到。得到后，才挪出精力，做创作的工夫，这是一件很经济的事情。考古学者在地洞中，发现许多古画，画得很好。这种画，在古代为创作，假使人人如此，不凭借前人的成绩，设法改良，专靠一点天才，凿空创作，并不是不可以，不过几万年后，所作的画，恐怕还是同古代的山洞里的差不多。那还有什么进步可言呢。

小孩子，在初小的时候，喜欢画，墙上壁上，画出些头大手短的像来，很肤浅。大画家现在流行的后期印象派的画，很真切。有天才的小孩子，只要好好模仿，亦可由肤浅近于真切。已成功的大画家，若当初不模仿，恐怕亦不会有什么进步。模仿这种性质，就是从前的文化，代代继承下来，好像祖上的遗产，代代增加上去一样。白手兴家，豪杰之士。但是白手可以发一百万。若得父兄一百万，就可以发一千万，一万万。白手兴家，固然很好，哪能希望人人如此呢。

人类文化很长，慢慢的继承，增加下去，小的时候，得了许多知识，有所凭借，再往前努力活动，又可以添了许多的经验。如此一代一代的继承，全部文化的产业，可以发展进步到很大很高，所以我认为模仿是好的不是坏的，是有益的，不是无益的。无论何种事业，都是如此，做人亦然。历史上伟大的人物，又何尝没有模仿。我们所知凯撒极力学亚历山大，拿破仑又极力学凯撒。不管他学得对不对，有所模仿，成功容易。

一切事情不可看轻模仿，写字这种艺术，更应当从模仿入手，并不是说从前人的聪明才力，比我们强，我们万赶不上。乃是各人有各人的特别嗜好，因为嗜好，所以成功。譬如说，王羲之天天写字，池水皆黑，后来叫作墨池。这个话真不真，暂时不讲，至少我们可以知道，王羲之因为天才相近，又肯用功，所以写出来的字，成绩很好。我们的天才用功当然不如他。离开他去创作，未尝不可，不过他经几十年甘苦所成的字，天才又高，功夫又绝熟，总可以作模范。因为模仿他，他

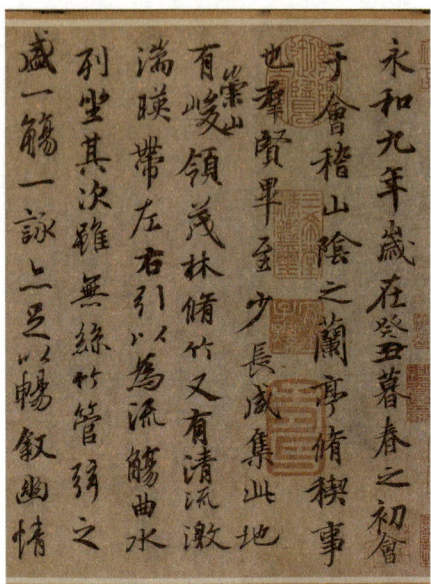

◎《兰亭序》(神龙本)(局部) 晋 王羲之

黑一池,我黑半池,亦定写得好。模仿可以省事。前人的产业,我们来承受,我们的产业,后人来承受。自然一天一天的进步、增加,模仿在任何艺术,都有必要,字亦不能独外模仿有两条路。

一、专学一家,要学得像。即以写字而论,或学颜真卿,或学欧阳询,学哪一家,终身学他。刚才讲拿破仑学凯撒是这样。孟子学孔子(乃所愿则学孔子也),亦是这样。此种模仿法,用力容易,定有范围,学之易像。

二、学许多家,兼包并蓄。先辈教人立身,要多读前言往行,以蓄其德,不管是谁说的,谁作的,只要是好,都拿来受用。杨雄说过:"读一千篇赋,自然会作赋。"我们可以换句话说:"学一千种碑,自然会写碑。"一千种未免太多,少点五百种,再少点五十种,学过后,自然写得好了。

两条路之中,头一条路,其优点是简切,容易下手,其弱点是妨害创作。许多人专学一家，为所束缚，把天才压下去了。第二条路，其弱点是空洞，泛滥无归，其优点是不妨害天才。可以自由创作，我个人的主张，宁肯学许多家，不肯专学一家，走第二条路，以模仿为过渡，再到创作，此为上法。于此有一件应当注意的事情，就是分期学习。模仿若干种，分为若干时间。学这种时，不知那种，学那种时，不知这种。专心专意，不可掺杂，掺杂则不成功。从前人教人读书，有两句话："读易时觉得无尚书，读诗时不知有春秋。"这是表示专一的意思。不专不读，读则专一，写字亦然。模仿一种，把结构用笔，全学会后，才换第二种。依我的经验，一种碑临十遍，可知他的结构及用笔。譬如一千字的碑写到一万字，就把结构、用笔都得着了。得着后换第二种。换的时候，有一种很巧妙的方法，即择若干种相反的碑帖，交换着模仿。譬如先学用圆笔的碑一万字，回头再学用方笔的碑一万字。方笔圆笔，两种相反，一种写了一万字之后，两下合起来，那就不方不圆，成了自己的创作。无论何种艺术，此法都可应用。譬如学诗，学李杜二人，学李时如无杜，不去读杜诗，学杜时如无李，不去读李诗，方学时候，不知像否，离开以后，不李不杜，自成一派。

　　第二条路，固然很好。指定若干碑帖，排列次序，一种一种的学法，想出方法来调和。学过五十种，或百种以后，脱手时，自成一派。由模仿到创作，这是最妙的方法。第一条路，亦未尝不好，前人喜欢临僻碑，如像何子贞，得张黑女碑，绝对不告人，不知道的还说他是创作，其实亦有所本。这种方法可以用。学过许多种类之后，再学一个特别的，亦未尝不可。单走第二条路，恐怕泛滥无归。单走第一条路，恐怕减少创造能力。混合两法，先学许多家，最后以一家为主，这算最妥当的法子了。

模仿任何事物，初入手时，最要谨慎，起初把路子走错了，以后很难挽救。今人不如古人，不是天才差，只是习染坏。如像性本相近，习则相远。唐朝有一个弹琵琶的教师，没有学过的去学，他说三年就会。弹得好的去学，他说五年才会。弹得有名的去学，他说非十年不可。人问何故，他说没有学过而质地好的人，教得得法，成功容易。弹得好弹得有名的，最初几年的功夫，需把坏习气改过，才能学好，所以格外费时间了。无论何种艺术皆然，习字也是一样。清朝的字，比较不好，因为人人都要学大卷子、白摺子，很呆板，没有性灵。我年轻时候，想得翰林，也学过些时候的翰林字。到现在总不脱大卷子的气味，诸君出过洋的多，常用钢笔和铅笔，至少没有大卷子习气，学时容易得多。入手很难，所以最初就要谨慎，不可走错了路，最不应该模仿的，依我看来，约有四派。

一、赵子昂、董其昌。这一派，清初很为流行，并不是不好，只是不容易学。若从这派入手，笔力软弱，其病在妩媚圆

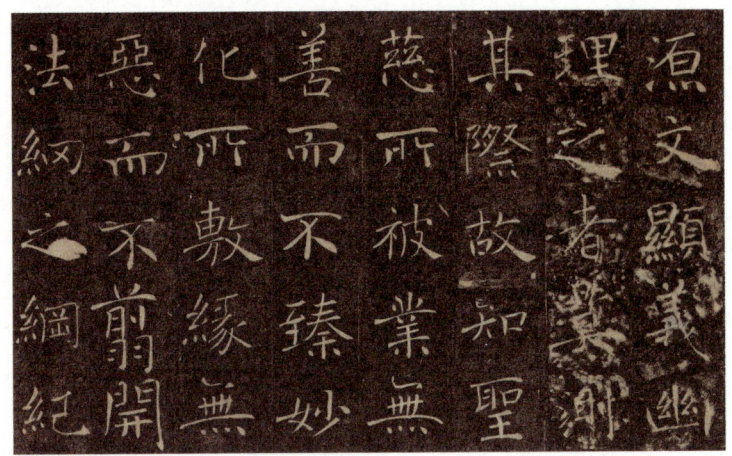

◎《雁塔圣教序》（局部） 唐 褚遂良

滑，无丈夫气，中了这派的毒，很不容易改正。

二、苏东坡。这一派，喜欢用侧锋。东坡固然好，学他就不行，若从这派入手，笔锋偏倚，其病在于庸俗，至多学出一个水竹村人——徐世昌——翰林字，总统字，但是不行。

三、柳公权。这一派，干燥枯窘，本身虽好，学之不宜，我常说柳字好像四月的腊肠，好是好吃，只是咬不动。学他的人，一点不感乐趣，学字本为娱乐，干燥无味，还有什么意思呢？

四、李北海。这一派，向来人很赞美，称为"王龙跃，李虎卧"。唐时尤为有名。但是亦不可学，若从这派入手，其病在偏，与苏派同一流弊。东坡本学北海，但北海稍为平正厚重些。

总括起来说，模仿是必要的，由模仿可以到创造，无论单学一家，或多学几家都可以。但是最初的时候，不要走错了路。赵、董、柳、苏、李几家，最不可学，用为几十种模范中的一种，尚还可以。起初从他们入手，以后校正困难，顶好是把他们放在一边不学才对。

（丁）碑帖之选择

写字须要模仿，上面已经说了，但是模仿应当以何种为资料呢。现在人多讲临帖，其实帖同碑不一样，帖从何来。最初的帖，为五代时南唐的澄清堂，以前无帖。北宋时帖颇盛，有淳化阁，淳熙阁，大观帖，皆皇帝所刻。有名的绛帖、潭帖，亦从皇帝的帖翻刻出来，最初只有墨迹，前代写家所留极宝贵的墨迹，藏在天府。只有一本，如何才可以流通，就是用双钩勾下来，刻在木板或石块上，然后翻印成帖。好帖很少，双钩勾出，墨迹保存。此尚不失原样，如淳化阁、澄清堂皆然。锋泽异常圆润，再勾再翻，经过两手，锋泽已走，渐失本真。真的好帖，海内能有几本。一张帖，说是某人写的，真否尚是问题，纵是真的，经过几回翻刻，已经与本来面目差得很多。从前讲临帖，实在不合算，就能得真帖，已经隔几层，何况真帖难得，即如淳化阁有十本，果属真迹，价值几万金，我们亦买不起啊。

碑同帖不一样，从前讲书丹刻石，就是请写得好的书法家，用银朱写在石头上，再请良工刻出来，所隔只有一层，走样尚小。帖纵是真，几经翻刻，失脱本来面目。碑若是真，不经翻刻，真面目尚可见，所以说临帖不如临碑。

乾隆以前，帖学很盛，中叶以后，碑学代兴。直到现在，珂罗版发明，帖学有恢复的希望。譬如商务书馆的大观帖，一本几块钱，那就很用得了。有珂罗版以后，不会走样，临帖还可以。未有之前，要得比较近真的帖，绝非寒士所能。假如不得真帖，只有经过四、五回的翻版，从此入手，比学赵、苏、柳、李四家还糟，一点骨气都没有。

好帖难找，不如临碑，碑有六朝碑同唐碑两种。早从前帖学盛行的时候，碑学亦很讲究。唐碑中，欧、褚、颜、虞几家都很好，学的人很多，而欧阳询的九成宫及皇甫君碑，颜真卿的麻姑坛、东方画像赞，尤为普遍。不过学这种碑很危险，因为翻刻本多，买原拓本写，其价不让买帖，所以有名唐碑，亦不易找。

有名书家，固然唐多，然唐代的字很呆板，虽然他们不是以大卷子白摺子写字，但是因为要迎合唐太宗的意思，所以风格渐卑。与其学唐碑，不如学六朝碑，唐碑即由六朝碑出。唐代几个有名的画家，求他们的来历，六朝中都有，学六朝碑的好处有两种。

◎《魏灵藏造像记》（局部） 北魏

一、迹真字好。碑后题名，注明某人所书，这是唐以后的风气，六朝以前没有。唐后的书家，为贵族的如欧、褚等皆是。六朝的书家，为平民的，不出主名，因此赝品很少，风格很高，好像汉古乐府。许多人不著名，然其作品，比曹子建、陶渊明的作品还好。学诗要学汉乐府，学曹、陶等的老师。唐代书家，都从六朝出，与其贪名声大，反而不得真迹，如何从六朝无名作品入手，还可以看出他们的变迁。

二、物美价廉。唐朝名碑或者揭得坏，或者是翻版，锋芒看不出来。六朝碑，新出土的不少，最近二三十年，开陇海铁路，翻动地皮，发现的碑更多，这种新出土的碑无美不备，价又低廉，最贵重的墓志铭及造像，少的三五毛，多的四五元，过十元以上的，可谓绝无仅有。拿一千块钱，买九成宫，比一块钱的新出土的墓志铭，孰好孰坏，尚是问题，就是一样，而价值已差很多了。

学碑应从六朝碑入手。拿一百块钱,到琉璃厂可以买一二百种六朝碑,有的亦许比欧阳询、颜真卿还好。新出土的碑不著名,不花钱,真迹多锋芒在。淳化阁、九成宫一类东西,又著名,又花钱,翻版多,锋芒失。所以我主张临六朝新出土的碑。近来有珂罗版,很方便。临帖亦还可以,没有珂罗版以前,真不要打此种主意。

六朝碑很多,连造像带墓志及碑,总在二千种以上。单是龙门造像,就有一千多种,在着许多之中,可以挑出几种,看何者为最好,各人主观不同,标准自不一样。依我看来,龙门二十种很好,很便宜,不过二三元钱,其中如魏灵藏、孙秋生、始平公、杨大眼、广川王太妃、北海王祥、法生都可以学。各墓志中如元显魏、元钦、元固、元倪、石夫人、元诠、元演、元飏、常受繁、寇臻、寇凭、李超、孙辽、韩显宗、刁遵、崔敬邕、郑道忠、贾瑾都可以学,都很好。古碑中,如张猛龙、郑文公、贾思伯、根法师、萧瑒、龙藏寺、苏孝慈,亦都很好,都可以学。我所认为最好的造像、墓志及碑,大概如此。但是应从哪一种下手呢?前面所讲赵、柳、苏、李四派不可学,乃是消极方面的。至于积极方面,各人主观不同。我的意思仍从方正严整入手为是,无论做人做事,都要砥砺廉隅,很规律,很稳当,竖起脊梁,显出骨髓才好,假如像球一样,圆圆滑滑四面乱滚,那就可怕,而且站不住。所以作诗,我反对学白香山、陆放翁,并不是白陆不好,是不可学。学他们成为打油诗，太容易，无价值，应先从难处下手才是。再如做人，孔子三十而立，四十而不惑，七十而从心所欲不逾矩。不逾矩，算很好了，但要经三十、四十以至七十，费了许多年"立"和"不惑"的工夫，才能办到这个样子，这种圆法，很有价值。若先从容易的下手，做事如圆球，做人为滑头，学诗为打油，那真不可救药了。

学字，最好造像中从魏灵藏、始平公、杨大眼入手，笨极，呆极，但是很稠密，全身的力，都在上面，打得紧，不漂滑，非从这类入手，容易流于浮靡。碑中从根法师、张猛龙入手，用笔很重，锋芒很显，容易学得像。学得好。墓志铭中各种都有。要随时参用，我认为最适当。这是几种，都很稳重规律。

唐碑同六朝碑的比较，就是前者规矩整齐，后者无一定的规则。要想笔力遒劲，学六朝碑亦可。要想规矩整齐，学唐碑亦可。唐碑中以欧阳询、虞世南、褚遂良、李北海、颜鲁公、柳公权，这几家最为著名。李、柳两家不可学，褚轻松，虞

◎《多宝塔碑》（局部） 唐 颜真卿

圆润，但佳拓难得。诸名家中，还是欧、颜两家，有蹊径可循，容易模仿。欧、颜皆极方严，学去无流弊，欧的九成宫、皇甫君，颜的麻姑坛、画像赞，因有珂罗版，尚不甚贵，其余各家，珂罗版影印的亦很多。

学唐代的大写家，又不如学第二流，譬如小欧，完全学他的父亲，因为才力不如，格加谨严挺拔，比大欧还容易，没有什么毛病。小欧的道周法师碑、泉男生碑很好，由他入手，再学大欧，就不难了。

总括起来说，临帖不如临碑，临唐碑又不如临六朝碑，如学唐碑柳太乾，李太偏，虞、褚少蹊径，唯颜、欧两家易学。颜于厚重方严之中，带有风华，而小欧比大欧更挺拔。至于帖，没有珂罗版前，切不可学。影印术发明后亦还可以，选择碑帖，大概如此。将来哪位有兴致，可以指定若干种来，我们大家批评。

（戊）用笔要诀

一面要有好碑帖作模范，一面要有简单的用笔规则好去遵循，写字才容易好。从前的笔法歌诀《艺舟双楫》类的东西很麻烦，有许多不容易做到。我现在用很简单的话，将几种很普通的原理归纳起来，说明如下。

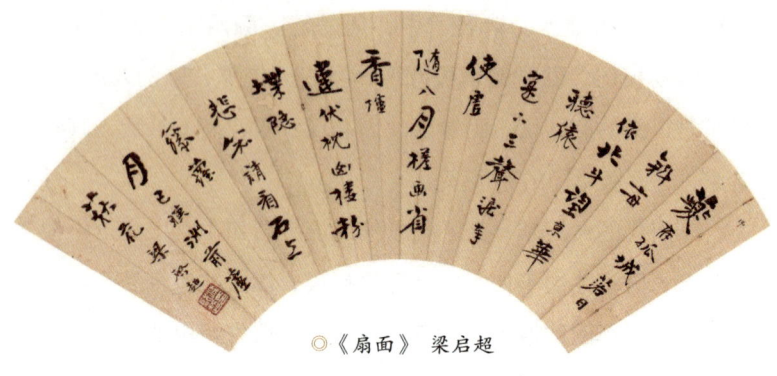

◎《扇面》 梁启超

一、执笔

指密　指头逼紧大指、中指执笔,其余的帮忙。指头的间隔不可太疏,疏则无力。

拳空　拳非空不可,从前的人讲究要可以握一个蛋。假使一把捉死一定转运不灵。

腕活　真讲写字腕要悬空,写小字如此,未免太苦。然亦不可贴死在桌子上,离开一点,运用才可敏活。

笔正　腕一活,笔正就容易。执笔是手指用笔还是手腕,笔头要端正,假使两面摆一定无气力。用指力小、用腕力大。

锋齐　会写字的人讲究"万毫齐着",把笔毛打开一半,让笔锋的力量都到纸上,不让一毫落空,自然中正饱满了。

二、运笔

画平　一笔写去,两端一般平,看时容易做时困难。许多写家用一生的功夫都没做到线的美,所以表示不圆满就是这个原故。

竖直　这条同前条一样不易做到。诚然，苏东坡、李北海、张猛龙都是偏的，没有一笔平直。但他们有方法补救，上面不平、下面稍低，中间不竖、两侧稍斜，全部看来还是平直的。他们会补救，保持线的美，我们不会就学糟了。

中满　一笔过去中间不要蜂腰，气力始能到底，这是一个原则。褚字是例外，中间小、头尾粗，虽量分寸似乎不满，但笔力还是满的。此类字不可学，要学平正、通达的字。横直一般粗细，尖的地方亦得慢慢尖去。

转遒　转弯的时候要遒劲有力，圆则如半环，方则如刀切，最忌讳有胝丁，有便难看。转遒与中满同一原则，万一力不到点，几点那就异常之糟。这个病最易犯。

锋回　出锋的地方一点一撇最要注意，力量须灌到，一躲懒带过去，那便糟了。学时一笔到头，回锋勒住，左行的锋往右勒，下行的锋往上勒。写熟后不必回锋，亦有含蓄。

执笔、运笔的方法，前人讲得很多，此处不能多讲，单讲这十条。只要一一做到，那亦就很够了。还要说几句关于用好笔用砚的话，这也是讲书法不可不注意的事情。

我用笔很讲究，每支一元或二元三元不等，看来费钱，其实省钱，比诸同事还省。我用一管好羊毫写一万字，正是照样。笔在我手里几乎不会烂，一定要写到"秃中书，不中书"，这才束之高阁。我用笔不让一根毛脱，写时只开一半，干后温水润之，自然不易坏了。

用笔最忌按，顶好不用墨盒，拿笔到墨盒中打滚，墨干了挤出来，笔安得不坏？我常用砚，慢慢的磨，磨得很匀很细，写在纸上自然好看。而且蘸墨时不亏笔，新墨有光、旧墨无光，我从来不用隔天的墨，写完后用水将砚洗净，再写时再磨。

用笔用狼毫易碎，不如羊毫经久。我的经验，一支羊毫可以抵三支狼毫。无论什么笔，坏在脱毛，一根断全体跟着断。会写字的人，只有写秃笔，没有写坏笔。假使用一块钱以上的羊毫又用砚，可以写得舒服，而且省钱。

初学临帖，最好用九宫格，可以规定线的美，粗细、疏密、高低、长短，只须差一点，结果就不同了。临块碑十次三次用九宫格，七次放开手写，一定能写得规律严正。

还有一种叫摹帖。摹与临不同，临是看着写，摹是盖在上面写摹，得用笔临得结构，两者都可并用。现在帖便易，不怕摹浸主要的碑帖。临十回摹一回就可以了。

今天讲得简漏得很，但是因为用功写字，其中颇多甘苦之言特别向诸君贡献。至于我所藏的碑帖，多在天津家里没带来，以后有机会还可以同诸君切实的观摹研究。

图书在版编目（CIP）数据

最美生活 / 梁启超著. -- 北京：中国画报出版社，2021.9（2024.3重印）
（美学大师课）
ISBN 978-7-5146-1777-1

Ⅰ. ①最… Ⅱ. ①梁… Ⅲ. ①美学思想—文集 Ⅳ. ①B83-53

中国版本图书馆CIP数据核字(2021)第092205号

最美生活

梁启超 著

出 版 人：方允仲
策　　划：许晓善
责任编辑：赵世明　许晓善
责任印制：焦　洋

出版发行：中国画报出版社
地　　址：中国北京市海淀区车公庄西路33号　邮编：100048
发 行 部：010-88417418　010-68414683（传真）
总编室兼传真：010-88417359　版权部：010-88417359

开　　本：32开（787mm×1092mm）
印　　张：9.5
字　　数：190千字
版　　次：2021年9月第1版　2024年3月第4次印刷
印　　刷：三河市金兆印刷装订有限公司
书　　号：ISBN 978-7-5146-1777-1
定　　价：59.80元